生物质基点阵夹芯结构的力学响应和优化设计

胡英成　王立峰　徐清源　著

U0223600

科学出版社

北　京

内 容 简 介

本书分为三部分，第一部分为第 1、2 章，介绍生物质基点阵夹芯结构的研究背景、应用现状及制备方法；第二部分为第 3～5 章，介绍木质基点阵夹芯结构力学响应的理论分析及检测方法、力学性能分析和有限元仿真研究；第三部分为第 6、7 章，介绍以黄麻纤维增强环氧树脂基为材料制备的菱形和格栅点阵夹芯结构，并对其平压性能进行分析和优化设计。

本书可供木材科学与工程、木结构工程、土木建筑等领域的工程技术人员使用，也可供高等院校相关专业师生参考。

图书在版编目（CIP）数据

生物质基点阵夹芯结构的力学响应和优化设计/胡英成，王立峰，徐清源著.—北京：科学出版社，2022.10
ISBN 978-7-03-073350-4

Ⅰ.①生… Ⅱ.①胡… ②王… ③徐… Ⅲ.①生物质–工程材料–结构力学–研究 ②生物质–工程材料–最优设计–研究 Ⅳ.①TK62

中国版本图书馆 CIP 数据核字（2022）第 184574 号

责任编辑：王海光 刘 晶 / 责任校对：郑金红
责任印制：吴兆东 / 封面设计：北京图阅盛世文化传媒有限公司

科 学 出 版 社 出版
北京东黄城根北街 16 号
邮政编码：100717
http://www.sciencep.com

北京凌奇印刷有限责任公司印刷
科学出版社发行 各地新华书店经销
*

2022 年 10 月第 一 版 开本：720×1000 1/16
2025 年 3 月第三次印刷 印张：9 3/4
字数：194 000
定价：118.00 元
（如有印装质量问题，我社负责调换）

前　言

生物质资源一直是人类赖以生存的主要原材料，与钢铁、水泥、塑料等相比，具有低碳、环保、可再生等特点。合理利用生物质材料的自然属性，进行生物质基工程材料的研究与优化设计，可提高其利用价值，拓宽其应用领域。传统的生物质基夹芯结构的芯层多为蜂窝结构，采用泡沫材料或轻质的木质板材，虽然有效降低了自重，但其芯层的封闭性设计限制了夹层结构的多功能性，因而新形式的生物质夹层结构有待研究与开发。点阵夹芯结构集材料设计、结构设计、功能设计于一体，极具应用前景。应用先进的复合材料结构设计方法，制备轻质、高强的生物质基夹芯结构工程材料，对于生物质资源的有效利用，以及大力发展低碳、环保的结构与建筑具有重要意义。

著者团队从新型生物质基工程材料设计的角度出发，采用低碳、环保的木材和黄麻纤维为原材料，结合点阵夹芯结构轻质、高比强度/比刚度、多功能等特点，进行生物质基点阵夹芯结构的设计与优化。本书总结了相关研究成果。全书分为三部分，第一部分为第1、2章，概述了生物质基点阵夹芯结构的研究背景、现状与制备方法；第二部分为第3～5章，介绍木质基点阵夹芯结构的设计、理论预测、力学性能分析及优化；第三部分为第6、7章，主要介绍以黄麻纤维增强环氧树脂基为材料制备的菱形和格栅点阵夹芯结构，并对其平压性能进行分析和优化设计。本书内容以大量试验数据为支撑，重点介绍了木质材料和黄麻纤维点阵夹芯板的构型设计、力学性能及仿真建模的最新研究进展，为其在实际建筑与结构中的研究和应用提供理论依据及数据支撑。

本书由东北林业大学胡英成教授科研团队撰写，参加撰写人员有胡英成教授、王立峰博士、徐清源硕士。

本书内容为国家自然科学基金项目（32171692）、中央高校基本科研业务费专项资金项目（2572020DR13）的阶段性研究成果。本书所选取的生物质基点阵夹芯结构的制备材料、设计方法与性能分析都很有限，对于其他生物质基点阵夹芯结构的力学性能还需进一步研究，这也是撰写团队后续的工作。

由于著者水平有限，书中难免存在不足之处，恳盼专家和读者指正。

著　者

2022 年 4 月

目　录

第1章 绪 论

点阵夹芯结构与其他传统夹层结构相比，集材料设计、结构设计与功能设计于一体，具有轻质、高强的特性，以金属和碳纤维等复合材料制备的点阵夹芯结构广泛应用于航空航天、国防军事、交通运输等领域。但这类材料的获取需要高昂的成本，且不具备绿色、低碳、可降解等优势。木材、竹材、灌木、农作物秸秆等是天然的生物质资源，且蓄积量大、分布广泛、价格低廉。应用先进的复合材料结构设计理论，制备轻质、高强的生物质基点阵夹芯结构工程材料，对于生物质资源的有效利用，以及大力发展低碳、环保的结构与建筑具有重要意义。

1.1 生物质基点阵夹芯结构的研究背景

随着航空航天领域的快速发展，越来越多的学者将目光聚集在轻质、高强材料的研究上。点阵结构的概念自20世纪被提出以来，便作为轻质、高强材料的代表，受到国内外众多学者的关注。点阵结构主要由上、下面板和面板间有序周期性排列的杆件组成（Evans et al.，2001；Deshpande et al.，2001）。相比于传统的泡沫材料，点阵结构在空间上的排列更为规则有序，具有轻质、高强、芯层内部空间功能性设计等优势，是目前国际上公认的最具应用前景的轻质、强韧性材料（Sypeck，2005；Fan et al.，2010）。点阵结构芯层内部的大空间设计特性可以进行隔音、隔热、抗震等材料的填充，使结构在多种维度上发挥作用。点阵结构首先在航空航天领域提出并得以应用，由于可以有效减轻自重，在交通运输、土木工程建筑与结构中，点阵结构也具有广阔的应用前景（曾嵩等，2012；吴林志等，2012；范华林和杨卫，2007）。

1.1.1 点阵夹芯结构的构型设计

点阵夹芯结构的设计主要集中在构型设计和尺寸设计上。合适的构型设计在增强结构力学性能的同时，还能够大大减少材料的浪费（Ashby and Bréchet，2003；Evans et al.，2001）。目前，点阵结构的构型从空间角度可分为一维线型、二维平面型、三维立体型，在具体的形状上有直柱型（王兵，2009）、斜柱型（Li et al.，2020）、X型（Wang et al.，2018）、Kagome型（Fan et al.，2007）、金字塔型（Li et al., 2011)、圆柱型（Hao et al., 2017）等诸多类别，如图 1-1 所示。

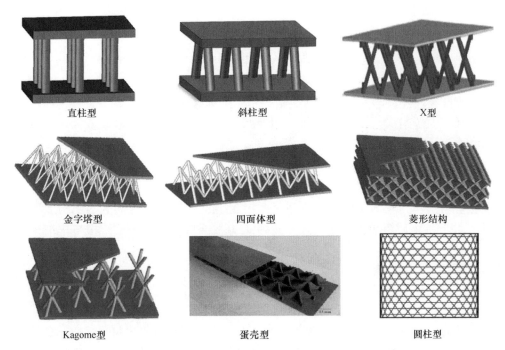

直柱型　　　　　　　　　斜柱型　　　　　　　　　X型

金字塔型　　　　　　　　四面体型　　　　　　　　菱形结构

Kagome型　　　　　　　　蛋壳型　　　　　　　　　圆柱型

图 1-1　常见的点阵夹芯结构构型设计（Li，2020；Wang et al.，2018；Hao et al.，2017；熊健，2013；Li，2011；王兵，2009；Fan et al.，2007；Kooistra and Wadley，2007；Côté et al.，2006）

　　除常规的构型设计外，研究者往往会根据具体的功能需求，在已有构型的基础上进行一些改动，如图 1-2 所示。Wang 等（2018）设计的增强 X 型点阵结构，便是在原有 X 型点阵结构的基础上对其节点部位进行增强，使结构在压缩性能的表现上提高了将近 13%；再如，相较于传统的金字塔型，Feng 等（2016）通过焊接工艺将两个金字塔点阵结构顶端上下焊接成型的沙漏型点阵结构，其在平压下，抗屈曲性能约为前者的 2 倍。此外，点阵结构的设计者根据复合材料的设计理念

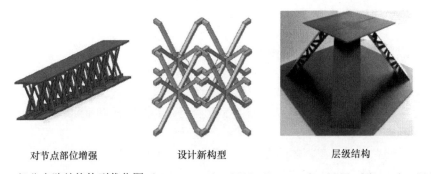

对节点部位增强　　　　　设计新构型　　　　　　　层级结构

图 1-2　部分点阵结构构型优化图（Wang，et al.，2018；Feng et al.，2016；Yin et al.，2013）

制备了层级点阵结构（Sun et al.，2016；Yin et al.，2014；Yin et al.，2013；Xiong et al.，2012；Zheng et al.，2012），这些层级点阵结构相较于单一的点阵结构往往在力学性能上都有很大的提升。例如，Sun 等（2016）设计的层级三角形点阵结构，是在原有三角形单胞的基础上，对其杆件进行二次的三角形单胞设计，相较于单一的三角形格栅，其平压性能提升了 3/4。同样，在 Yin 等（2013）所设计的复合型层级金字塔型点阵结构中，也体现了这种设计理念。

1.1.2 点阵夹芯结构的研究进展

1. 金属材料点阵夹芯结构

点阵结构的研究从原材料的角度可以分为三个阶段，如图 1-3 所示。原材料的选取最开始集中在金属材料（Feng et al.，2017；Wadley，2006；Kooistra et al.，

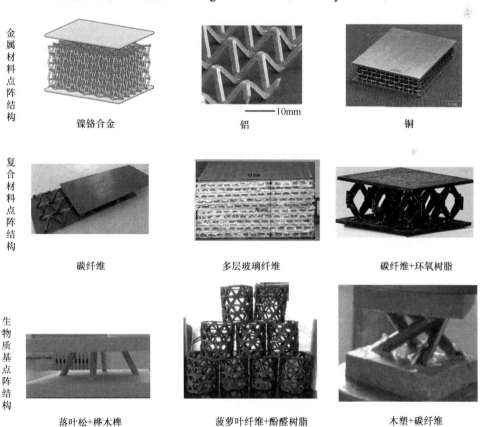

图 1-3 不同原材料成型点阵结构图（Li，2020；Yang，2018；Hao et al.，2017；Norouzi and Rostamiyan，2015；Fan et al.，2011；Xiong et al.，2010；Wadley，2006；Sypeck，2005；Kooistra et al.，2004）

2004；Wang，2003），原因主要在于：金属材料本身具有足够的力学性能，且有关金属材料成型结构的工艺在工业领域已趋近成熟，技术手段繁多。例如，Côté等（2006）进行的波纹菱形点阵结构的弯曲和压缩试验，其主要材料便选取304不锈钢；Zupan等（2004）使用316不锈钢作为原材料进行编制缠绕设计成型了菱形拓扑结构，并对结构在平压下的性能进行了详尽的分析与探讨；Queheillalt和Wadley（2005）通过模具工艺将原材料为304不锈钢的空心管排列焊接成型了菱形拓扑结构，并进行了详细的理论分析和参数设计探讨。但随着相关领域研究的日益成熟，金属材料本身所具备较高自重的特点及其在工艺上无法实现面板与芯层间完美结合的缺陷已无法满足工艺发展的要求（Wadley et al.，2003）。

2. 复合材料点阵夹芯结构

随着复合材料领域研究的深入，其可设计性大大吸引了点阵结构领域研究者的目光。将复合材料应用到点阵结构的制备中，既拓宽了点阵结构原材料的选取范围，同时，由于原材料变化所带来的成型工艺的改变，又能够较好地解决传统金属基点阵结构在成型工艺上的缺陷。在此阶段，国内哈尔滨工业大学吴林志教授课题组（王东炜，2020；许国栋，2017；张国旗，2014；熊健，2013；王兵，2009）以及南京航空航天大学范华林教授课题组（Jiang et al.，2017；Han et al.，2015；Lai et al.，2015）在碳纤维等复合材料点阵结构成型工艺及结构性能的探索上做出了卓越的贡献。例如，吴林志教授课题组的殷莎率先利用模具热压工艺制备了碳纤维复合空心金字塔型点阵结构，很好地解决了面芯结合薄弱的问题，同时使结构整体在能量吸收、比强度、比刚度等性能指标上都有很大的提升（殷莎，2013）。范华林教授课题组的Li和Fan（2018）利用二次模压固化工艺成型的碳纤维复合材料加筋圆筒壳在承受轴向压缩载荷下也有不俗的表现。

3. 生物质基点阵夹芯结构

人类社会的飞速发展对地球的自然生态环境造成了不可逆转的影响，也使得人们认识到工业生产与自然环境相协调的重要性。《联合国气候变化框架公约》《巴黎协定》等国际公约的制定（陈夏娟，2020；陈敏鹏 2020），推进了全球保护生态环境、节能减排的战略方针。国内外专家学者也把研究目光投向了生物质可再生资源（Fiore et al.，2017；Hassanin et al.，2016；黄国红和谌凡更，2015；方海等，2009）。生物质资源本身具有绿色、环保、价格低廉、可再生等优势，因此，拓宽生物质资源应用范围，进行生物质基复合工程材料的研究与应用具有重要的社会意义和应用价值（Jiang et al.，2018；Li et al.，2016；何敏娟等，2008）。其中，采用生物质材料制备的点阵夹芯结构受到人们的关注。

本书从生物质基复合工程材料设计的角度出发，结合点阵结构的设计理念，分析了生物质基（木质材料和黄麻纤维增强环氧树脂）点阵夹芯结构的制备方法，并对其力学性能进行理论、试验与仿真建模研究。

1.2 生物质基工程材料的研究与应用

生物质材料是一种天然聚合物，主要由碳、氢、氧三种化学元素组成，来源于动植物及微生物等生命体。生物质材料易被自然界的微生物降解为水、二氧化碳和其他小分子，其降解产物可以再次进入自然界循环。因此，生物质材料具备可再生与可生物降解的重要特征。常见的生物质材料主要有木材、稻秆、竹材、树皮、纤维素、半纤维素、木质素、淀粉、蛋白质、甲壳素等（邸明伟和高振华，2010）。

1.2.1 木质工程材料

木质资源储蓄量大、价格低廉，同时具有较高的比强度、突出的隔热吸音作用、良好的抗震性能、自然美观的纹理等优点（Jiang et al.，2018；Li et al.，2016；徐守乐，2004；李坚，2001），是与人类关系密切、与环境发展协调的建筑和结构材料。研究表明，相同面积的建筑结构，木结构消耗的能量约为混凝土建筑的 45%、钢结构建筑的 65%、木结构的二氧化碳排放量约为混凝土的 66%、钢结构的 81%（何敏娟等，2008）。从古至今，人们都在不断发掘木材在建筑与结构上的应用。

木质工程材料是指应用现代加工技术将木质资源制备成力学性能可设计、可预测、可评价的结构用材料（王静，2012），其应用广泛，包含的名称和种类也很多。从原木结构到力学性能稳定、承载能力强的单板层积材与结构用集成材（陈剑平和张建辉，2012；张言海，2001），从节能实用的轻型木桁架（陆磊，2016）、木工字梁等到芯层可设计的木质夹芯结构（任雪莹，2020；Iejavs and Spulle，2016），无不体现着木结构时代的飞速发展与工业生产力的进步。几种常见木质工程材料特性对比如表 1-1 所示。

表 1-1 常用木质工程材料特性比较

类型	性能特点	尺寸规格	主要应用范围
原木、实木锯材	强度高、有天然缺陷、利用率低	按需要加工	梁、柱
单板层积材	结构均匀、比强度高、加工性能好	厚度一般为 18～75mm	建筑中各种承重结构件
胶合板	强度均匀、性能稳定	长宽规格为 1200mm×2400mm，厚度为 5～20.5mm	轻型木结构的墙体、楼面、屋面板
结构用集成材	成品尺寸稳定性好、力学强度高	按需要加工	建筑承重构件、木结构住宅、公共建筑等
工字梁	强度高、刚度均匀、重量轻	按需要加工	大跨度楼面、屋面

注：表中内容参考王瑞和吕斌（2018）、黄彬和罗建举（2012）、何敏娟等（2008）。

　　其中，集成材、胶合材、木桁架等结构都具有承载力较大、刚度均匀可靠、重量轻等优点，在一定程度上避免了木材本身的天然缺陷，拓宽了木材的应用范围，提高了木材的使用效率，是国际上建筑模板体系中通用的重要部件，但存在材料自重大、制备过程复杂、成本高等缺点，在一些要求结构材料功能多、强度高、自重轻的应用场合，无法与其他钢材、复合材料等竞争（Jin et al.，2015）。

　　木质资源的自然属性，如生长周期长、各向异性、天然的节疤等，不利于人们对木质材料的充分利用。夹芯结构由于面板相对较薄，降低了对木材厚度的要求，可充分利用小径材、速生材等木质资源，在民用建筑与结构中发挥着重要作用。夹芯结构的芯层作用是降低结构质量，增加上、下面板间的截面惯性矩，从而提高结构的弯曲刚度。面板粘接在芯层外表面，实现载荷在面板与芯层之间的传递。面板承受拉压变形，芯层抵抗面内弯曲和横向剪切变形（王雪，2020）。

　　夹芯结构的面板与芯层的材料属性对结构的力学性能有很大影响，采用夹芯结构设计，在减轻结构质量的同时，部分力学性能比实体结构更优异（Sargianis et al.，2013；Manalo et al.，2010）。夹芯结构的面板有实木板、胶合板、密度板等；也有用增强材料制备而成的。木质夹芯结构的芯层多采用蜂窝结构、格栅结构、泡沫材料或轻质的木质板材（Li et al.，2016；Chen et al.，2014；Fernandez-Cabo et al.，2011；Kepler，2011）。这些结构设计虽然能降低自重，但也存在一些弊端，如泡沫结构是以弯曲为主导的材料，受到外力作用时，其弯曲强度较低（Rizov et al.，2005；Li et al.，2014）。常见的蜂窝夹芯结构具有比强度、比刚度高的特点，但内部空间封闭，不利于结构的多功能性设计（Pan et al.，2008）。因此，进行新形式的木质夹芯结构设计具有重要实际意义和应用价值。

1.2.2　黄麻纤维增强高分子聚合物

　　我国农作物资源丰富，棉、麻等草本植物分布广、产量大。黄麻的生长主要集中在亚热带到热带区域，来源广泛、原料丰富，种植面积和产量仅次于棉花。黄麻纤维取材方便，价格低廉，早在我国古代，就作为麻袋的主要原料，制作粗加工产品。随着现代纺织技术的飞速发展，对黄麻纤维进行各种改性处理，能够制得不同功能的黄麻纤维。黄麻与其他麻类物质一样，属于韧皮纤维素纤维，具有染色性好、抑菌、力学性能好、廉价、可生物降解等优异特性（张小英，2004）。但黄麻纤维中的木质素和杂质含量相对较高，可纺性差，通常用于制作装饰用布、工作服、汽车用布、鞋类用布以及地毯等用品（郭亚和孙晓婷，2016）。黄麻纤维自身往往不具备直接设计成型的潜力，常常是将其作为增强体材料，对一些高分子聚合物基体进行增强来达到实际应用的要求。

　　例如，在汽车制造领域，周勇等（2016）以黄麻纤维、皮芯结构的 4080 聚酯纤维等为原料，采用热粘合预定型及热压成型技术，制备了一种绿色环保、可生物降解的混杂纤维复合材料结构并进行吸音性能测试，结果表明：该类复合材料在吸音降噪方面有独特的优势，特别适于做汽车内饰件。如图 1-4 所示，已取得成功的黄麻纤维增强聚丙烯复合材料板，便是通过将黄麻纤维与聚丙烯间进行复合设计，使两者的优势相互结合，最终成型了具有实际应用价值的汽车内饰材料（郭博渊，2016）。

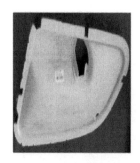
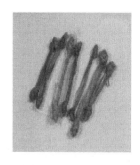

黄麻纤维成型汽车内饰材料　　　黄麻纤维成型摩擦材料　　　黄麻纤维成型透明材料

图 1-4　黄麻纤维基复合材料的应用（秦建鲲，2019；郭博渊，2016；杨亚洲，2006）

在摩擦材料领域，杨亚洲（2006）设计的仿生哑铃型黄麻纤维增强摩擦材料，是将经过碱处理的黄麻纤维作为增强体材料，对经过改性处理的酚醛树脂基体进行增强，通过模具热压工艺最终制作成型，是具有足够摩擦磨损特性的新型材料。柴兴旺等（2012）采用室温碱处理和热处理两种改性方法对黄麻纤维进行表面改性处理，对黄麻纤维进行结构仿生，考察了仿生螺旋型黄麻纤维对摩擦材料摩擦性能的影响。结果表明：螺旋型黄麻纤维质量分数在 3%、螺旋升角为 66°时，材料的摩擦因数符合制动要求；在温度为 300℃和 350℃时，螺旋型黄麻纤维摩擦材料表现出较好的耐磨性能，摩擦材料的摩擦因数随着螺旋型黄麻纤维螺旋升角的减小而减小。

在新型材料领域，秦建鲲（2019）通过将碱处理的黄麻纤维与改性的环氧树脂进行复合，最终成型了透明黄麻纤维材料，其拉伸强度最高可以达到 38.69MPa，说明黄麻纤维因整体编织的原因，使得拉伸强度大大增加。张瑜等（2009）采用高性能黄麻纤维，通过模压成型，制造出具有一定截面形状的立体结构材料，再通过与可生物降解热塑性树脂材料复合，加工成一种新型纺织结构复合材料，并进行了拉伸性能、撕破性能、顶破性能方面的力学性能测试与分析。张丽哲等（2012）研究了黄麻纤维掺量与纤维长度对混凝土抗压性能和砂浆抗裂性能的影响，并对试验结果进行了分析。试验结果表明，黄麻纤维能够有效地增强混凝土的抗压性能，最佳掺量为 0.9kg/m³，而且纤维长度不能过长，以便最大限度地发挥纤维的增强作用。

作为可再生的天然纤维，黄麻纤维具有优良的吸湿导热性、较高的强度和模量。与常见的天然纤维相比，其具有更高的抗张强度、抗菌性及抗紫外线能力，是比较理想的生物质材料。因此，黄麻纤维可作为一些高性能纤维的替代纤维与其他高性能纤维进行复合，应用于汽车、服务、家纺、包装等领域。黄麻纤维的价格相较于同等性能的纤维更为低廉，对其进行功能改性后，其应用范围更为广泛，黄麻纤维增强材料、吸附材料以及阻燃材料是目前的研究热点，如何将黄麻纤维高性能复合材料的科研成果运用于实际的生产过程中，仍然是一个迫切需要解决的问题（魏晨和郭荣辉，2019）。随着现代复合材料制备技术的快速发展，纤维增强绿色复合材料的开发与应用越来越受到人们的关注，黄麻纤维的应用领域也将不断被拓展，出现更多高附加值的新型复合材料，具有广阔的市场应用前景。

1.3 生物质基点阵夹芯结构的研究进展

随着人们环保意识的增强，低碳、环保、可再生的生物质材料受到人们的青睐。从新型生物质工程材料设计角度出发，将点阵夹芯结构应用于生物质夹芯结构的设计中，制备出绿色、低碳、轻质、高强的生物质基点阵夹芯结构，具有重要的生态效益、经济效益和广泛的应用价值。生物质基点阵夹芯结构能有效降低自身重量，芯层内部的空间也使得对其功能的设计更加灵活多样。同时，面板材料相对芯层来说较薄，可充分利用小径材、速生林等木质资源。

东北林业大学胡英成教授课题组在生物质基点阵结构领域的研究呈现出多面性、创新性的成果。其课题组内关于点阵结构的研究总体分为两类。一类集中在对木材及木质纤维资源的合理利用上，如在其课题组研究的早期，金明敏（2015）以桦木圆棒榫为芯层材料、杨木单板层级材为面板材料，采用插入-胶合法制作成型了木质基二维点阵结构，并对结构在四点弯曲载荷下的失效模式进行了详尽的分析，结果表明：对于这种采用插入-胶合法工艺成型的木质基点阵结构，芯层支柱的断裂是其主导失效模式。同时，与碳纤维基点阵结构相比，其在结构性能方面有明显的下降，如图1-5所示。

其课题组内的李帅（2019）以玻璃纤维棒为芯层材料、以木塑复合板为面板材料，采用相同工艺制作成型了木质基二维点阵结构，并针对芯子和面板分别进行了优化设计，优化后的测试结果表明：相较于桦木基点阵结构，其力学性能有很大的提高，如图1-6所示。

另一类研究主要集中在对生物质纤维的合理运用上，如郝美荣（2017）设计的菠萝叶纤维增强酚醛树脂基点阵圆筒结构。其整体工艺采用缠绕编织的手法，以硅橡胶模具作为载体进行纤维的缠绕，但采用这种纯手工缠绕的方法，试件制备的失败率较高，且容易出现节点部位受力不均匀的问题，如图1-7所示。

图 1-5　木质基点阵夹芯结构四点弯曲力学性能测试（金明敏，2015）

图 1-6　增强型木质基二维点阵结构失效模式（李帅，2019）

a

b

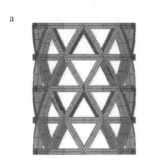

图 1-7　点阵圆筒结构（郝美荣，2017）

a. 点阵圆筒结构原理图；b. 轴向压缩测试

　　李曙光（2019）利用模具压铸成型工艺制作了黄麻纤维增强环氧树脂基交叉波纹结构，并对其在平压和弯曲载荷条件下的力学性能进行了详尽的分析探讨，如图 1-8 所示。结果表明：采用模具压铸方法制备波纹点阵，其试件制备成功率明显提升，试件制备周期相较于前者有明显的缩短，但采用此种方法所成型的波纹点阵结构依然存在着试件加工困难、制备成功后的试件性能较差等问题。

图 1-8 波纹点阵夹芯结构（李曙光，2019）

Zheng 等（2020a）设计了双 X 型点阵夹芯结构，分别采用木塑板（WPC）和定向刨花板（OSB）为面板、桦木和玻璃纤维棒为芯子制备点阵结构，并进行了平压试验和理论分析，如图 1-9 所示。结果表明：芯子直径大小对平压力学性能有影响，采用定向刨花板为面板、桦木榫为芯子的夹芯结构有较好的力学性能，试验值与理论值更加符合。

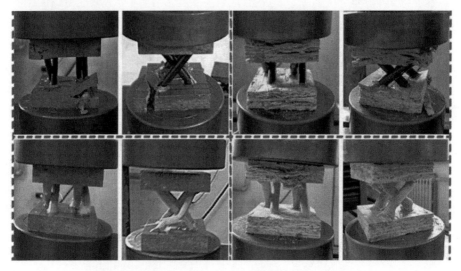

图 1-9 四种双 X 型点阵结构失效模式（Zheng et al.，2020a）

综上所述，生物质基点阵夹芯结构还处于初步研究阶段，虽有一些研究成果，但从制备方法、构型设计到力学性能研究方面，还有很大的优化空间。现有的研究虽然进行了直柱型、斜柱型、金字塔型、X 型结构力学性能研究，但拓扑构型相对简单，混合型、双层点阵结构少有研究。由于生物质材料的天然属性和芯层结构的相对密度较低，导致其力学性能较弱，且研究内容多进行单胞元平压性能测试，对生物质基夹芯结构的多胞元平压、侧压、弯曲、冲击等综合性能还需要深入研究分析。有限元仿真是研究结构力学性能的有效方法，对于生物质基点阵夹芯结构的有限元仿真研究还少见报道。

本书在现有生物质基点阵夹芯结构研究的基础上，改进了插入-胶合法及模具压铸法，以木质材料和黄麻纤维增强环氧树脂制备了点阵夹芯结构，并进行了相关力学性能研究与分析。

第 2 章　生物质基点阵夹芯结构的制备

2.1　试 验 材 料

生物质基点阵夹芯结构的制备材料主要包括面板材料、芯层材料、胶黏剂、碳纤维布增强材料等。面板材料有落叶松实木锯材、桦木胶合板、纤维增强环氧树脂材料，芯层材料采用桦木圆棒榫，胶黏剂使用环氧树脂、脲醛树脂等。

面板材料：落叶松实木锯材是一种力学性能较强、来源广泛、易获取的木质材料；胶合板是一种常用的木质基复合材料，由于采用了纹理垂直制备工艺，与实木材料相比，胶合板的横纹力学性能更加稳定（Bal et al.，2015）。纤维增强环氧树脂材料中采用的纤维主要有黄麻纤维、尼龙纤维、棉纤维等。

芯层材料：采用桦木圆棒榫作为点阵芯子，树种为白桦材，其具有易加工、切面光滑、胶合性能好等特点。为保障芯子与面板的胶合强度，选用表面带有直纹、无硬性损伤的圆棒榫。

胶黏剂：主要用于上、下面板与桦木圆棒榫的连接。

碳纤维布：采用单向受力碳纤维布，用于结构的面板力学性能增强。

2.2　材料属性的测试方法

2.2.1　桦木圆棒榫压缩性能测试

芯子是夹芯结构平压受力的主体。在室温环境下，参考 ASTM D695-10 标准，在万能力学试验机上，对于桦木芯子进行杆件压缩测试，加载速度设置为 0.5mm/min，测试桦木芯子的平压强度和弹性模量。

2.2.2　纤维增强材料 SEM 测试标准

将生物质纤维增强环氧树脂基复合材料在液氮中深冷脆断，用氯仿对断面进行选择性溶解（Wicks and Hutchinson，2004），用 SPI 溅射喷涂机在断面喷金，然后用 S-4800 场发射扫描电子显微镜观测断面形貌，加速电压为 5kV。

2.2.3　纤维增强材料 FITR 测试标准

采用傅里叶变换红外光谱法衰减全反射模式对材料的分子结构和化学稳定性

进行测试与表征，测试选用粉状样品，ATR-FTIR 光谱以 4cm^{-1} 的分辨率在吸收模式下采集，每个样品在 600～4000cm^{-1} 波数范围内扫描 32 次，所有测试均重复3 次。

2.3　材料属性分析

2.3.1　木质材料

木材具有各向异性，符合正交对称特性，因此利用正交对称性来讨论木材的力学特性，如图 2-1 所示。使用落叶松实木锯材作为点阵夹芯结构的面板材料，含水率为 8%～10%，桦木圆棒榫的含水率为 10%～12%。根据 ASTM D695—10，对桦木圆棒榫进行轴向压缩测试，得到平压强度 σ_L 和压缩弹性模量 E_L，如图 2-2所示。落叶松和桦木圆棒榫的密度、顺纹平压强度、压缩弹性模量、剪切弹性模量和泊松比等力学性能如表 2-1 所示（刘一星和赵广杰，2012；黄见远，2012；王丽宇等，2003）。根据 GB/T 17657—2013，进行桦木胶合板压缩性能的测试，得到其平压强度为 35.91MPa，弹性模量为 3.73GPa。

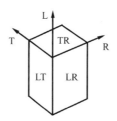

图 2-1　木材的三个正交坐标平面（刘一星和赵广杰，2012）

L、R、T 分别代表木材的顺纹方向、横纹径向和横纹弦向；TR、LR、LT 分别代表横切面、径切面和弦切面

图 2-2　桦木圆棒榫轴向压缩

表 2-1 落叶松实木锯材与桦木榫的物理和力学性能

材料	密度/ (g/cm³)	σ_L /MPa	E_L /MPa	E_R /MPa	E_T /MPa	G_{LT} /MPa	G_{LR} /MPa	G_{TR} /MPa	μ_{RT}	μ_{LR}	μ_{LT}
落叶松	0.53	52.70	16 272	1 103	573	676	1 172	66	0.68	0.42	0.51
桦木	0.66	68.73	3 176	334.32	171.68	248.80	334.32	77.75	0.83	0.46	0.55

注: E_L、E_R、E_T 分别代表木材的顺纹、横纹径向和横纹弦向弹性模量; G_{LT}、G_{LR}、G_{TR} 分别代表木材的弦切面、径切面和横切面上的剪切弹性模量; μ_{RT}、μ_{LR}、μ_{LT} 分别代表木材三个方向上的泊松比。

2.3.2 胶黏剂

环氧树脂,从南通星辰合成材料有限公司购买,型号为 E-44,外观呈淡黄色至棕黄色的透明黏性液体,软化点为 12～20℃,环氧值为 0.41～0.47 当量/100g,固化剂为低分子 650 聚酰胺树脂,稀释剂为乙醇。使用时,按照质量比 10∶6∶1 混合环氧树脂、固化剂与稀释剂,并搅拌均匀。

脲醛树脂,实验室自制,采用涂-4 杯法测得其流出时间为 30s,固体含量为 55%,pH 为 8.0,其与固化剂(20%氯化铵水溶液)的固体质量比例为 100∶1。

2.3.3 碳纤维布增强材料

碳纤维布的型号为 CFS-I-300,厚度为 0.167mm,12k 小丝束缠聚而成,由产品技术手册可知,其克重为 300g/m²,抗拉强度为 3647MPa,弹性模量为 241GPa,伸长率为 1.77%。

2.4 生物质基点阵夹芯结构的制备方法

由于生物质材料的特殊属性,适用于生物质基点阵夹芯结构的制备方法有插入-胶合法、缠绕编织法、模具压制法和 3D 打印法等。除 3D 打印法以外,上述几种制备方法都是采用手工制备方法,存在一定的制备误差,尤其在芯子具有倾斜角度时,不能保证加工精度,从而对测试结果造成一定影响。3D 打印法对试验材料有一定要求,且试件尺寸受 3D 打印机设备规格的限制,无法制备大尺寸弯曲试件。新型的制备方法与技术还有待于人们的研究。

2.4.1 插入-胶合法

在生物质基点阵夹芯结构的制备过程中,插入-胶合法操作简便,但芯子的精准定位与钻孔质量是决定点阵夹芯结构力学性能的关键。手工钻孔会导致人为误差,加大芯子安装难度,使数学分析模型与实际结构偏差较大,从而影响力学性能分析结果。为满足点阵夹芯结构芯子与面板连接时对于钻孔的大小、角度、深度等参数的要求，可采用自动定位、钻孔装置。

1. 自动定位、钻孔装置

该装置由铝型材主体框架、可编程逻辑控制器（PLC）电气控制系统、自动定位系统、自动钻孔系统、上位计算机软件监控系统组成，主要结构如图 2-3 所示。加工面板置于加工平台上，用户通过计算机软件监控系统，将钻孔参数的信息传送给 PLC 电气控制系统，并实时监视钻孔状态，PLC 电气控制系统通过控制各种伺服电机的启停、正反转、转速及转数，实现加工面板的自动定位及自动钻孔。装置具有机械操控简单、钻孔精度高、抗干扰能力强等优点，缩短了试件的制备时间，减少了人为因素带来的误差，且能实现长度和宽度约为 1.3m 的木质材料的自动定位、打孔，并可根据生产需要进行加工尺寸的扩容，在一定程度上保障了试件规格的一致性和力学性能的可靠性，为木质基点阵夹芯结构的制备提供了支持和保障。

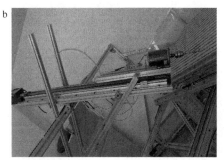

图 2-3　自动定位、钻孔装置
a. 自动定位系统；b. 自动钻孔系统

2. 制备过程

插入-胶合法即对上、下面板进行钻孔后，将芯子粘胶并插入上、下面板中。胶黏剂采用环氧树脂，具体的制备过程如图 2-4 所示，大概可分为面板钻孔、锯切圆棒榫、施胶组装、静置、表面处理 5 个步骤。

1）面板钻孔

为保证上、下面板打孔位置的定位精度，同时考虑点阵芯子的安装便利性，在上、下面板之间放置垫块，并用自攻钉将上、下面板固定在一起，使用自动定位钻孔装置在上、下面板上进行钻孔，钻孔过程如图 2-5 所示。

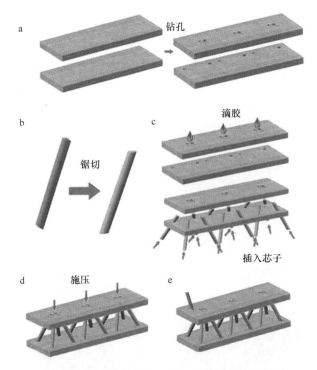

图 2-4　金字塔型点阵夹芯结构制备过程示意图

a. 面板钻孔；b. 锯切圆棒榫；c. 施胶组装；d. 静置；e. 表面处理

图 2-5　钻孔处理过程

a. 钻孔；b. 组板

2）锯切圆棒榫

根据芯层的高度要求，锯切圆木榫，并将其上、下横截面切割成 45°角。若芯子高度设为 h_c，上、下面板厚度为 t_f，圆棒榫与上、下面板成 ω 角，则所需圆棒榫长度满足公式（2-1）：

$$l\sin\omega = 2t_f + h_c \tag{2-1}$$

3）施胶组装

在上、下面板的打孔位置和圆棒榫的外表面施加环氧树脂胶黏剂，使其部分渗入木材内部组织，产生机械结合的作用，然后将圆棒榫沿水平 45°方向插入上、下面板中，实现芯子和面板的胶合组装。

4）静置

把试件置于通风干燥处静置 72h 以上，让胶黏剂充分固化。

5）表面处理

先用平面刨床将夹芯结构上、下表面刨光，去除多余胶层，再采用小型磨砂机对表面进行精细处理。然后参照设计参数，用锯铝机对每组夹芯结构进行锯切，得到单胞元金字塔型点阵夹芯结构，如图 2-6 所示。

图 2-6 单胞元金字塔型点阵夹芯结构

采用上面所述制备方法，使桦木圆木榫与上、下面板紧密地连接在一起，保证了试件的制备精度。在结构受力过程中，圆木榫的嵌入面板部分在很大程度上受面板的限制，变形很小。因此，在力学分析过程中，为简化计算，将圆木榫的嵌入面板部分与面板视为一个有效整体，不考虑此部分圆木榫的变形。下文所述的芯子高度均指上、下面板间芯层的高度，不包括芯子嵌入到上、下面板中的部分。

2.4.2 模具压制法

1. 黄麻纤维束增强环氧树脂基杆状材料

采用模具压制法进行黄麻纤维束增强环氧树脂基杆状材料的制备。在杆材成型过程中有环氧树脂的存在，因此，采用高温加热的处理方式。同时，模具材料本身需具备与环氧树脂不亲和的特性，以及在高温加热固化的过程中不能产生较大变形。综合以上条件，选择丙烯腈/丁二烯/苯乙烯共聚物板（ABS 塑料板），通过对其进行机械加工，设计成所需的形状。

在采用拉挤工艺成型杆材的流程中，模具分为两部分，如图 2-7 所示。图 2-7a 所示的支撑模具由两个带孔的面板和两根螺纹杆构成，其面板上的孔洞方便浸渍后的黄麻纤维增强环氧树脂基杆件穿过，两根螺纹杆起支撑模具的作用，图 2-7b 所示的尺寸模具主要起到约束杆件尺寸的作用。

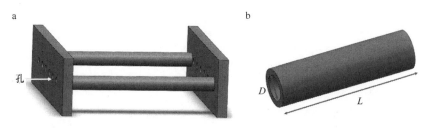

图 2-7　杆材制作所用模具

a. 支撑模具；b. 尺寸模具。*D* 为成型杆件的直径，*L* 为成型杆件的长度

目前关于纤维增强复合材料成型的工艺有缠绕成型、模压成型、树脂传递模塑成型（RTM 技术）等诸多选择。为了减少工艺设计的复杂性、降低工艺制作的成本，在本部分的研究中，采用相对简单易行的拉挤缠绕法。以黄麻纤维为增强体、环氧树脂溶液为基体，在模具的辅助作用下，完成黄麻纤维增强环氧树脂基杆件的制备。

具体步骤如图 2-8 所示。①以 40% 的纤维体积分数为标准，根据黄麻制杆中所用尺寸模具的体积计算出所需的纤维用量，进一步确定黄麻纤维的尺寸、体积；②将选择好的黄麻纤维在预先配制好的溶液内完成真空加压环境下的浸渍，大约浸渍 10min；③将浸渍完成的黄麻纤维，按照预先设计好的捻数（如以四捻为一股）手工进行初步的缠绕，在缠绕过程中用力不应过大或过小，避免浸渍液的富集或流失造成人为的缺陷；④完成初步缠绕的黄麻纤维穿入具有一定直径大小的模具内，然后将其两端多余部分穿过固定支架上的孔洞后进行固定，在此过程中，应保证其整体仍为竖直状态，不可弯曲或下垂；⑤将完成穿插固定的纤维放入真空干燥箱内进行加热处理，在温度为 100℃ 的条件下保持 5h。

2. 菱形结构的制备

目前，在点阵结构成型的工艺中，组装式的金属块模具比较常见，金属块具有的刚度及稳定性得到了大部分设计者的信赖（Kooisitra et al.，2004），但对于生物质基点阵结构，需要进行胶粘才能完成结构成型的工艺，因此，无法采用这种金属块模具。随后，出现了将硅橡胶与金属模具组合的方法，避免金属模具直接与环氧树脂进行接触，但硅橡胶无法直接使用，要先对其进行预处理，设计出硅橡胶模具方可使用（Yin et al.，2011）。这样的方法虽然有效，但增加了工艺成本及工艺设计的复杂性。因此，在进行黄麻纤维增强环氧树脂基二维点阵结构的模具制备上同样采用了硬质的 ABS 塑料板，其同样不与环氧树脂亲和，且不需要进行二次设计。如图 2-9a、b 所示，模具主体分为两部分：一部分为带有凹槽的底

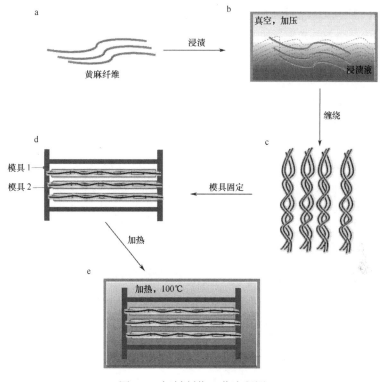

图 2-8　杆材制作工艺流程图

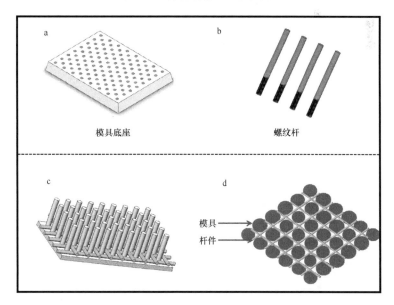

图 2-9　菱形拓扑结构成型所用模具

a. 模具底座；b. 螺纹杆；c. 模具立体示意图；d. 模具俯视示意图

座，其上有设计好的螺纹孔；另一部分则为带螺纹的直杆，将直杆嵌入到相应的螺纹孔中完成整个模具的搭建。通过改变模具底座中螺纹孔间的间距及螺纹孔的直径大小，实现对结构具体的尺寸设计，如图 2-9c、d 所示。

在菱形结构的成型方法中，目前已知的工艺中只有金属杆在节点部位的钎焊可以实现（Queheillalt and Wadley，2005）。鉴于此，本节对黄麻纤维增强环氧树脂基菱形拓扑结构的制备首先是在模具的辅助下，结合节点部位的胶粘来完成桁架主体部分的搭建；然后，将其与厚度为 2mm 的黄麻纤维布增强环氧树脂基面板粘接。

具体制作过程如图 2-10 所示。①将制作成型的杆件嵌入安装好的模具中，率先完成底层结构的搭建；②底层结构搭建完成后，在节点部位用配制好的胶黏剂溶液粘接，进行第二层结构的搭建，注意控制施胶量适中；③将上述步骤依次重复进行，需要注意搭建出的芯层高度为结构成型后整体的宽度；④将完成搭建后的桁架主体部分在室温下保持 2 天，使结构整体完全固化；⑤将完成固化后的桁架主体从模具中取出，将其竖向排列，进行面板的粘接；⑥在粘接完成的面板表面覆重物，在室温下保持 2 天，使结构成型。

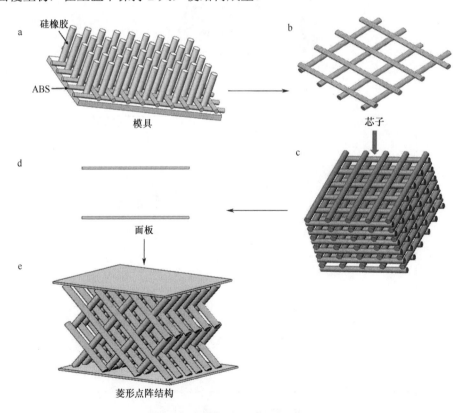

图 2-10　菱形拓扑结构制作过程

a. 模具立体示意图；b. 杆件；c. 插入杆件；d. 粘接面板；e. 菱形结构示意图

3. 黄麻纤维布成型板材的制备

黄麻纤维布成型板材的工艺有冷压、热压、RTM 等诸多选择。在综合了成本、性能等多方面的考虑后，采用冷压工艺完成板材的制作。相较于热压及 RTM 工艺，冷压工艺在制备结构用板材上，操作简单、所需模具少、成本低廉，且制备后得到的板材性能良好。其所用模具分为阴模和阳模两部分，如图 2-11 所示，螺丝通过其边线上的螺纹孔在进行模具扣合时插入固定。

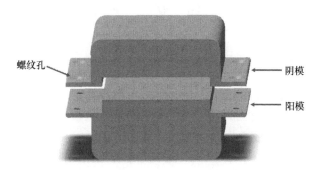

图 2-11　板材制作所用模具

具体制作流程如图 2-12 所示。①以 40%的纤维体积分数为标准，根据板材成型中的模具尺寸确定纤维用量；②将预先选择好的、具有一定孔目的黄麻纤维布

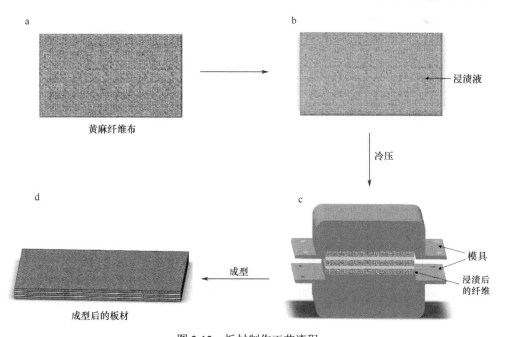

图 2-12　板材制作工艺流程

平铺放置在模具上；③参考胶合板的制作标准，将配制好的浸渍液按比例涂抹在黄麻纤维布上，依次重复进行，在涂抹过程中应注意均匀涂抹，减少人为误差；④完成胶黏剂的涂抹后，将螺丝穿入上、下阴阳模的螺纹孔中，完成阴阳模的合体，并在室温环境下保持 3 天左右。

4. 格栅结构的制备

板材成型格栅结构的工艺选择比较单一，嵌锁组装的制作方法是目前最好的选择。其主要步骤是：首先对板材进行切割处理，然后将肋条间的槽口上下嵌锁来完成整体结构的搭建。其相较于模具粘结工艺（即杆材成型菱形结构的工艺），具有成本低廉、操作简单、具备工业化应用的潜力等优势，但这种工艺需要预先对原材料成型的板材进行切割处理。目前已具备操作空间的切割方法有机械切割、水切割、激光切割（王亚梅等，2015）等。后两种切割方法相比于前一种有其突出的优势，但其所需的加工成本较高，所需的设备也较为复杂。本节中所成型的格栅结构尺寸较小，传统的机械切割便可完成。

具体制作过程如图 2-13 所示。①为了方便控制结构的尺寸，在预先制作成型

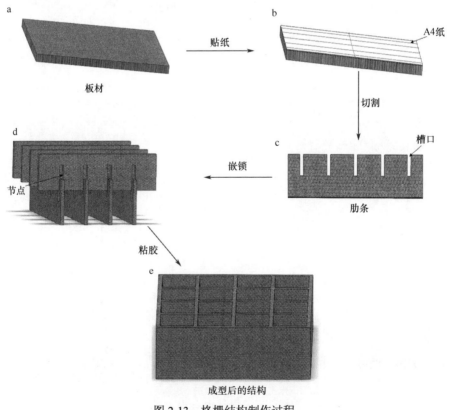

图 2-13　格栅结构制作过程

的板材上粘贴一层带有线条的纸张；②采用型号为 WJ235 的木工带锯机，将完成粘贴后的板材按照预先在纸张上确定好的线路进行切割；③待全部肋条切割完成后，开始进行嵌锁组装，并用配制好的胶黏剂在肋条槽口部分进行粘接即可完成；④全部试件粘接完成后，在其上面覆上具有一定体积的重物，确保其成型过程中有足够的预应力。

2.4.3　缠绕编织法

郝美荣（2017）进行了点阵圆筒结构胞元及尺寸参数的设计，制备了木模和硅橡胶模，采用纤维缠绕工艺制备了菠萝叶纤维点阵圆筒结构，如图 2-14 所示。

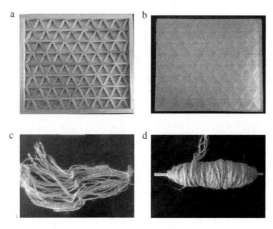

图 2-14　点阵圆筒结构制备材料
a. 木模；b. 硅橡胶模；c. 菠萝叶纤维原料；d. 菠萝叶纤维束

具体方法为：①丙酮清洗硅橡胶模具，将脱模剂——硅油涂抹在硅橡胶模上；②将硅橡胶模固定在一个圆筒形的金属芯模上，然后将纤维浸渍树脂基体；③进行纤维缠绕，纤维缠绕先进行环向缠绕，之后进行螺旋向缠绕，直到缠绕填满硅橡胶模凹槽；④其用铁皮包裹压实，放入真空干燥箱中进行固化。设定固化温度为 150℃，固化时间为 3.5h。脱模后点阵圆筒的两端需要切除，同时将上、下底面打磨平整，保证结构在轴向压缩实验中可以承受均布载荷，制成的菠萝叶纤维点阵圆筒如图 1-3 所示。

2.4.4　3D 打印法

3D 打印法制备点阵夹芯结构具有方便、快捷、试件精准度高等优点，但对试验材料有较为严格的要求，如材料需具备颗粒小、均匀、粉末流动性好、不易堵塞供粉系统等特点，且溶液喷射冲击时不产生凹陷、溅散和孔洞等。生物质材料如木粉等需与其他材料混合,制作 3D 打印的细丝。Smardzewski 和 Wojciechowski (2019) 采用橄榄木粉和聚乳酸(PLA)的混合物制成直径 1.75mm 的细丝作为芯子材料(其中橄榄木粉占 40%),在温度为 210~220℃情况下,使用 3D 打印技术制备了四种金字塔型点阵结构芯层,如图 2-15 所示。芯子与上、下面板通过粘接的形式连在一起。由于 3D 打印设备自身的体积限制,采用 3D 打印法制备的试件在尺寸上有一定的限制。

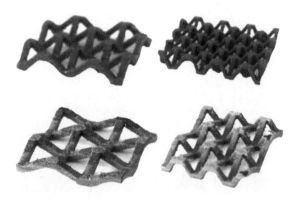

图 2-15　3D 打印金字塔型点阵结构(Smardzewski and Wojciechowski,2019)

第3章　生物质基点阵夹芯结构力学响应的理论分析及检测方法

3.1　点阵夹芯结构力学响应的理论分析

3.1.1　平压性能理论分析

在对点阵夹芯结构受压变形理论分析中，多数文献根据芯子的典型单胞结构建立力学模型，但一般只考虑了相对密度、材料属性和芯子倾斜角度对力学性能的影响，忽略了芯子的弯曲变形。金字塔型点阵夹芯结构的相对密度、弹性模量和平压强度表示为（Jin et al.，2015；Wang et al.，2010）：

$$\bar{\rho} = \frac{\pi d^2}{\sin\omega\left(\sqrt{2}l\cos\omega + 2t\right)^2} \tag{3-1}$$

$$E = E_L\bar{\rho}\sin^4\omega \tag{3-2}$$

$$\sigma_{st} = \sigma_L\bar{\rho}\sin^2\omega \tag{3-3}$$

式中，d 为芯子直径；l 为芯子长度；t 为单胞元内芯子中心点间距；ω 为芯子倾斜角度；E_L 为芯子的压缩弹性模量；σ_L 为芯子的平压强度。

Chen 等（2012）提出，对于点阵夹芯结构的短粗芯子，弯曲造成的变形不能忽略，本节参考 Xiong 等（2010）和 Wang 等（2018）的力学分析方法，对夹层结构承受压缩载荷时的理论公式进行了推导计算。假设点阵夹芯结构在承受外加压缩载荷时，只沿着加载方向有形变，对于单个芯子，其受力分析如图 3-1 所示。

根据图 3-1，轴向分力和切向分力分别可表示为

$$F_a = \frac{1}{4}\frac{\pi d^2 E_L\Delta\sin^2\omega}{h_c} \tag{3-4}$$

$$F_s = \frac{12E_L I\Delta\cos\omega\sin^3\omega}{h_c^3} \tag{3-5}$$

式中，E_L 为芯子的压缩弹性模量；I 为芯子的截面惯性矩，$I = \dfrac{\pi d^4}{64}$。h_c 为芯子的厚度；Δ 为芯子的垂直位移；ω 为芯子的倾斜角度。

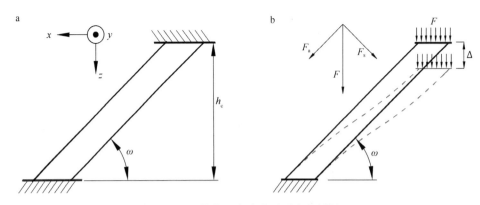

图 3-1 平压载荷下点阵芯子受力分析图

a. 结构参数说明；b. 单个芯子形变及力和位移分解图。F、F_a、F_s 分别代表外力、轴向分力和切向分力；Δ 代表芯子的垂直位移；h_c 代表芯子的厚度；ω 代表芯子倾斜的角度

单个芯子承受的外力可表示为

$$F = F_a \sin \omega + F_s \cos \omega \qquad (3\text{-}6)$$

金字塔型单胞元结构由 4 根芯子组成，其承受的应力可表示为

$$\sigma_p = \frac{4F}{A} \qquad (3\text{-}7)$$

式中，A 为单胞元结构的面积，$A = l_0^2$，l_0 为点阵结构单胞元的边长。

夹芯结构在弹性变形阶段的应力可表示为

$$\sigma_p = \frac{\pi d^2 E_L \Delta \sin^3 \omega}{h_c l_0^2} \left(1 + \frac{3d^2 \cos^2 \omega}{4h_c^2}\right) \qquad (3\text{-}8)$$

夹芯结构在 z 方向的应变可表示为

$$\varepsilon = \frac{\Delta}{h_c + 2t_f} \qquad (3\text{-}9)$$

式中，h_c 为芯子的厚度；Δ 为芯子的垂直位移；t_f 为面板的厚度。

夹芯结构的弹性模量可表示为

$$E = \bar{\rho} \frac{E_L \sin^4 \omega (h_c + 2t_f)}{h_c} \left(1 + \frac{3d^2 \cos^2 \omega}{4h_c^2}\right) \qquad (3\text{-}10)$$

在平压测试过程中，芯子是受力主体（Wang et al., 2010），如果芯子是细长杆，首先发生屈曲失效，失效载荷可表示为

$$F_{bu} = \frac{4\pi^2 E_L I \sin^2 \omega}{h_c^2} \qquad (3\text{-}11)$$

夹芯结构的平压强度可表示为

$$\sigma_{bu} = \frac{16\pi^2 E_L I \sin^3 \omega}{h_c{}^2 l_0{}^2}\left(1 + \frac{3d^2 \cos^2 \omega}{4h_c^2}\right)$$ （3-12）

对于短粗杆，主要的失效形式是芯子的压溃，失效载荷可表示为

$$F_F = \sigma_{cf}\frac{\pi d^2}{4}$$ （3-13）

式中，σ_{cf} 代表芯子的平压强度。

夹层结构的平压强度可表示为

$$\sigma_{cr} = \sigma_{cf}\frac{\pi d^2 \sin \omega}{l_0{}^2}\left(1 + \frac{3d^2 \cos^2 \omega}{4h_c^2}\right)$$ （3-14）

混合型点阵结构承受平压载荷时，直柱型芯子和改进金字塔型结构芯子共同承担外力，假设芯子的两端与面板固支连接，在平压载荷作用下，芯子杆件与上、下面板没有相对滑移。单胞元结构中，直柱型和改进金字塔型芯子均具有对称性，因此，以单个芯子受力进行分析，图 3-2 为平压载荷下芯子受力变形分析模型。

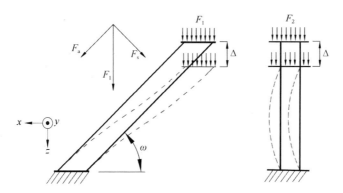

图 3-2　混合结构平压载荷受力变形分析模型

F_1 为斜柱芯子受力；F_2 为直柱型芯子受力；F_a、F_s 分别代表 F_1 的轴向分力和切向分力；Δ 代表芯子的垂直位移；ω 代表芯子倾斜的角度

改进金字塔型和金字塔型结构单个倾斜芯子承受轴力和剪力如式（3-4）、式（3-5）所示，斜柱型单个芯子在 z 方向所受合力为式（3-6）。直柱型单个芯子所受轴力为

$$F_2 = \frac{1}{4}\frac{\pi d^2 E_L \Delta}{h_c}$$ （3-15）

单胞元结构所受外力为

$$F = 4(F_1 + F_2)$$ （3-16）

单胞元结构所受应力为

$$\sigma_\mathrm{p} = \frac{\pi d^2 E_\mathrm{L} \Delta}{h_\mathrm{c} l_0^2} \left(\sin^3 \omega + \frac{3d^2 \cos^2 \omega \sin^3 \omega}{4h_\mathrm{c}^2} + 1 \right) \tag{3-17}$$

夹芯结构在载荷方向的应变如式（3-9）所示。压缩弹性模量为

$$E = \bar\rho \frac{E_\mathrm{L} \sin^4 \omega \left(h_\mathrm{c} + 2t_\mathrm{f} \right)}{h_\mathrm{c}} \left(1 + \frac{3d^2 \cos^2 \omega}{4h_\mathrm{c}^2} \right) + \frac{\pi d^2 E_\mathrm{L} \left(h_\mathrm{c} + 2t_\mathrm{f} \right)}{h_\mathrm{c} l_0^2} \tag{3-18}$$

当芯子较细时，结构易发生屈曲失效，这里假设芯子两端固支，改进金字塔型结构芯子的临界欧拉屈曲载荷如式（3-11）所示。

直柱型结构芯子的临界欧拉屈曲载荷为

$$F_\mathrm{bu}' = \frac{4\pi^2 E_\mathrm{L} I}{h_\mathrm{c}^2} \tag{3-19}$$

等效平压强度表示为

$$\sigma_\mathrm{bu} = \frac{16\pi^2 E_\mathrm{L} I \sin^2 \omega}{h_\mathrm{c}^2 l_0^2} \left(\sin \omega + \frac{3d^2 \cos^2 \omega \sin \omega}{4h_\mathrm{c}^2} + \frac{1}{\sin^2 \omega} \right) \tag{3-20}$$

当芯子较粗时，芯子长度与直径比较小，芯子易发生压溃失效，在芯子中间部位出现断裂，在直柱型和改进金字塔型结构的综合作用下，结构的平压强度可表示为：

$$\sigma_\mathrm{cr} = \sigma_\mathrm{cf} \frac{\pi d^2}{l_0^2} \left(\sin \omega + \frac{3d^2 \cos^2 \omega \sin \omega}{4h_\mathrm{c}^2} + 1 \right) \tag{3-21}$$

3.1.2 弯曲性能理论分析

点阵夹芯结构在三点弯曲载荷下，上、下面板主要承受弯曲载荷，中间的芯子主要承受剪切载荷，其中上面板受压、下面板受拉，结构如图 3-3 所示。

1. 中心点挠度

根据材料力学及夹层梁理论，在弯曲载荷作用下产生的挠度 Δ 由弯曲变形与剪切变形两部分组成，根据 Allen 等（1969）采用材料力学理论推导出夹芯结构跨距中央挠度计算公式，理论分析的基本假设为：①变形符合平截面假设；②面板及芯层均为理想的弹性体；③不同材质的面板和芯子之间的过渡是连续的，界面之间发生的滑移忽略不计。

由此得出，三点弯曲夹芯梁跨距中央挠度 Δ 为

$$\Delta = \frac{PS^3}{48D_\mathrm{eq}} + \frac{PS}{4(\mathrm{AG})_\mathrm{eq}} \tag{3-22}$$

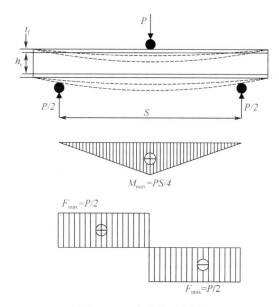

图 3-3　三点弯曲示意图

P 为外加载荷；t_f 为面板厚度；h_c 为芯子厚度；M_{max} 为最大弯矩；F_{max} 为最大载荷；S 为夹芯结构弯曲测试跨距

根据王跃等（2015）进行夹芯梁四点弯曲测试，梁跨距中央挠度 Δ 可表示为

$$\Delta = \frac{aP}{48D_{eq}}\left(3S^2 - 4a^2\right) + \frac{PS}{6(AG)_{eq}} \tag{3-23}$$

式中，P 为夹芯结构的跨距中央载荷；D_{eq} 为夹芯结构的等效弯曲刚度；S 为夹芯结构弯曲测试跨距；a 为夹芯结构加载点到支座的距离；$(AG)_{eq}$ 为夹芯结构的等效剪切刚度。

夹芯结构的等效弯曲刚度 D_{eq} 即各部分弯曲刚度的和，公式如下：

$$D_{eq} = 2(EI)_f + (EI)_0 + (EI)_c \tag{3-24}$$

式中，$(EI)_f$ 为面板相对于自身中性轴的弯曲刚度，$(EI)_f = \dfrac{E_f b t_f^3}{12}$；$(EI)_0$ 为面板移轴所产生的弯曲刚度，$(EI)_0 = \dfrac{E_f\, b t_f \left(t_f + h_c\right)^2}{2}$；$(EI)_c$ 为芯子的弯曲刚度，$(EI)_c = \dfrac{E_L b h_c^3}{12}$；$E_f$ 为面板的平压弹性模量；b 为试件宽度；t_f 为面板厚度；h_c 为芯子厚度；E_L 为芯子的平压弹性模量。

夹芯结构的等效剪切刚度，公式如下：

$$\left(AG\right)_{eq} = \frac{G_c b d^2}{h_c} \tag{3-25}$$

式中，G_c 为芯子剪切模量，根据文献（Deshpande and Fleck, 2001），$G_c = \frac{1}{8}\bar{\rho}E_L \sin^2 2\omega$；$d$ 为试件芯层厚度与面板厚度之和，$d = h_c + t_f$。

2. 失效载荷预测

在夹芯板承受三点弯曲载荷时，根据面板的厚度和芯子的长细比不同，可能发生的失效形式有：面板压溃，面板皱曲，芯子屈曲，芯子压溃，面芯脱胶。其失效载荷公式可由 Xiong 等（2014a）得出。

1）面板压溃

$$P_{fc} = \frac{4\sigma_{fy}t_f h_c b}{S} \tag{3-26}$$

2）面板皱曲

当面板相对较薄时，在弯曲载荷作用下，夹芯结构的上面板会由于压缩作用产生皱曲失效，失效载荷为

$$P_{fw} = \frac{k_1 E_f \pi^2 t_f^3 (h_c + t_f) b}{3l_1^2 S} \tag{3-27}$$

对于当前铰接方式，k_1 取值为 1。

3）芯子压溃

$$P_{cc} = \frac{2\sigma_c \pi r^2 b}{\sqrt{2}l\cos\omega + 2t} \tag{3-28}$$

4）芯子屈曲

当芯子杆件较细时，容易发生屈曲失效，其失效载荷为

$$P_{cb} = \frac{2\sigma_{cb} \pi r^2 b}{\sqrt{2}l\cos\omega + 2t} \tag{3-29}$$

σ_{cb} 为杆件的屈曲强度，表示为

$$\sigma_{cb} = k_1^2 \pi^2 E_L \left(\frac{r}{2l}\right)^2 \tag{3-30}$$

对于假设为铰接的杆件，$k_1 = 1$。

5）面芯脱胶

$$P_{dc} = 2b(h_c + t_f)\tau_{cr} \tag{3-31}$$

式中，S 为夹芯结构弯曲测试跨距；b 为试件宽度；t_f 为面板厚度；h_c 为芯子厚度；r 为芯子半径；ω 为芯子倾斜角度；t 为单胞元内芯子中心点间距；σ_{fy} 为面板的

极限破坏强度；E_f 为面板的平压弹性模量；σ_c 为芯子的抗压缩强度；E_L 为芯子的平压弹性模量；l 为芯子的长度；l_1 为不同胞元节点之间的距离；τ_{cr} 为芯子的剪切强度，$\tau_{cr} = \tau_a A_p / l_0^2$，$\tau_a$ 为芯子的剪切应力，取值 11.3MPa（黄见远，2012）；A_p 为芯子与面板的胶接面积；l_0 为点阵结构单胞元的边长。

3.1.3　侧压性能理论分析

改进金字塔型点阵夹芯结构侧压示意图如图 3-4 所示。试件两侧用实木材料封住，用于限制侧压时试件在水平方向发生旋转和位移。

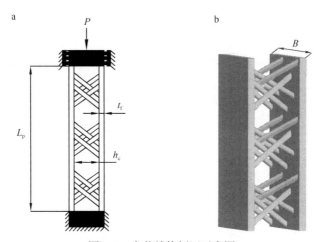

图 3-4　夹芯结构侧压示意图

a. 夹芯结构尺寸说明；b. 夹芯板宽度说明。P 为外加载荷；L_p 为夹芯结构的长度；B 为夹芯结构的宽度；h_c 为芯子的厚度；t_f 为面板的厚度

利用以下理论预测公式可以预测夹芯结构的侧向压缩性能（Li et al.，2011b）。

1）面板压溃的失效载荷为：

$$P_{fc} = 2Bt_f\sigma_k \tag{3-32}$$

式中，σ_k 为面板材料的平压强度。

2）面板皱曲的失效载荷为：

$$P_{fw} = \frac{2k_1^2\pi^2(EI)_f}{l^2} \tag{3-33}$$

$(EI)_f$ 为面板相对于自身中性轴的弯曲刚度。k_1 值取决于改进金字塔型夹芯结构的末端约束，根据 Li 等（2011b）的研究结果，k_1=1.3。

3）宏观屈曲

欧拉屈曲的失效载荷表示为：

$$P_{cb} = \frac{k_2^2 \pi^2 D_{eq}}{L_p^2} \qquad (3\text{-}34)$$

式中，对于两端固支的夹芯结构，$k_2 = 2$；D_{eq} 是夹芯结构的等效弯曲刚度，其具体计算方法同 3.1.2 节。

由于点阵夹芯结构的面板相对芯层来说较薄，可以忽略面板的剪切模量，把芯子的剪切模量作为点阵夹芯结构的剪切模量，宏观剪切屈曲失效载荷可表示为

$$P_{sc} = G_c B h_c \qquad (3\text{-}35)$$

式中，G_c 代表芯子的等效剪切模量，可表示为

$$G_c = \frac{1}{8}\overline{\rho}E_L \sin 2\omega \qquad (3\text{-}36)$$

3.2 点阵夹芯结构力学性能的检测方法

目前还没有完全针对生物质基点阵夹芯结构的力学性能检测标准，这里参考其他材料制备的夹芯结构的力学性能测试方法。

3.2.1 平压性能检测方法

以 ASTM C365/C365M-16 标准为依据，在实验室日常温度（20±2℃）情况下，结合本实验设备的特点和试件制备工艺，在万能力学试验机上进行平压试验。采用单向位移加载的方式，横梁速率为 0.5mm/min，并按照下面所述公式对其力学强度的相关指标进行计算。

平压强度 σ_p 的计算公式为

$$\sigma_p = \frac{P_{max}}{ab} \qquad (3\text{-}37)$$

式中，σ_p 为结构平压强度（MPa）；P_{max} 为最大压缩载荷（N）；a 为试件长度（mm）；b 为试件宽度（mm）。

进一步地，其平压比强度 σ_{pp} 的计算公式为

$$\sigma_{pp} = \frac{P_{max}}{ab\rho} \qquad (3\text{-}38)$$

式中，ρ 为二维点阵结构的表观密度（g/cm³）。

在载荷-位移曲线的弹性阶段，其平压弹性模量 E_p 的计算公式为

$$E_p = \frac{\Delta P h}{ab \Delta h} \qquad (3\text{-}39)$$

式中，ΔP 为载荷增量；h 为试样高度（mm）；Δh 为位移增量。

进一步地，其平压比模量 E_{pp} 的计算公式为

$$E_{pp} = \frac{\Delta P}{ab\Delta h\rho} \tag{3-40}$$

其单位体积的能量吸收 E_{int} 的计算公式为

$$E_{int} = \int_V E(\varepsilon)dv \tag{3-41}$$

式中，E_{int} 为结构吸收的能量（J）；$E(\varepsilon)$ 为线能量密度（J）。

进一步地，其比能量吸收 E^b_{int} 公式为

$$E^b_{int} = \frac{E_{int}}{mass} \tag{3-42}$$

式中，mass 为结构质量（g）。

3.2.2　弯曲性能检测方法

依据 ASTM C393 和 7250M-16 标准，对金字塔型点阵夹芯结构进行三点弯曲性能测试，试验的环境温度为（20±2）℃。弯曲试验使用万能力学试验机（CMT5504，最大载荷 50kN）以 2mm/min 的加载速率对试件进行三点弯曲试验，每种参数制备 5 个相同试件。

夹芯结构面板应力公式为

$$\sigma = \frac{PS}{4(h_c + t_f)bt_f} \tag{3-43}$$

芯子剪切应力公式为

$$\tau_c = \frac{P}{2b(h_c + t_f)} \tag{3-44}$$

式中，P 为加载点的总载荷（N）；S 为夹芯结构三点弯曲跨距（mm）；h_c 为结构用材试样芯子高度（mm）；b 为结构用材试样宽度（mm）；t_f 为面板厚度（mm）。

测试结构的弯曲刚度可表示为

$$D = \frac{P_1 S_1^3 \left(1 - S_2^2 / S_1^2\right)}{48\Delta_1 \left(1 - P_1 S_1 \Delta_2 / P_2 S_2 \Delta_1\right)} \tag{3-45}$$

芯子的剪切刚度可表示为

$$U = \frac{P_1 S_1 \left(S_1^2 / S_2^2 - 1\right)}{4\Delta_1 \left[\left(P_1 S_1^3 \Delta_2 / P_2 S_2^3 \Delta_1\right) - 1\right]} \tag{3-46}$$

式中，P_1，P_2 为弯曲测试施加的载荷（N）；S_1，S_2 为弯曲测试的跨距（mm）；Δ_1，Δ_2 为跨距中央的挠度（mm）。

参考 GB/T26899—2011 标准进行夹芯梁四点弯曲测试，跨距为 1162mm，加载点间距为 387mm，在夹芯结构跨距中央放置挠度计，记录挠度变化。弯曲试验装置如图 3-5 所示，弯曲强度可表示为

$$\sigma_{\mathrm{w}} = \frac{3Pa}{bh^2} \tag{3-47}$$

弯曲弹性模量可表示为

$$E = \frac{\Delta P\left(3aS^2 - 4a^3\right)}{4bh^3 \Delta y} \tag{3-48}$$

式中，ΔP 为弹性范围内，夹芯结构上限载荷和下限载荷之差；a 为夹芯结构加载点到支座的距离；b 为夹芯结构的宽度；h 为夹芯结构的厚度；Δy 为对应 ΔP 跨距中央的挠度。

图 3-5　四点弯曲试验装置

3.2.3　侧压性能检测方法

参照 ASTM C364/CM07 侧压试验标准，使用 LD26.305 万能力学试验机（MTS系统公司深圳分公司，最大载荷 300kN）对点阵夹芯结构进行侧压试验，试验装置如图 3-6b 所示。为确保试件在测试过程中不发生偏转，试件两侧用金属夹具固定，侧压试件夹具如图 3-6a 所示，试验环境温度为（20±2）℃，力学试验机加载速度为 0.5mm/min，每组试样至少进行 5 次重复性试验，以保证结果的有效性。

图 3-6　侧压试验

a. 侧压试验夹具；b. 试验装置

3.2.4　冲击性能检测方法

低速冲击测试采用的设备为 Instron9350B19131 落锤试验机。试验中，落锤的质量设定为 4.3kg，为检测木质夹芯结构胞元的抗冲击性能，这里采用面冲击的方法，冲头是直径为 100mm 的圆盘，在冲击测试程中，试件通过胶粘接在测试平台上，如图 3-7 所示。

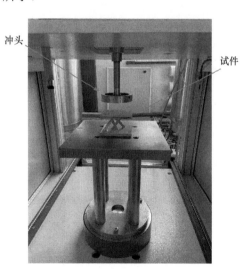

图 3-7　落锤试验机

冲击测试结果可由以下公式计算得到：

$$E_i = \frac{m_{im}}{2} v_i^2 \qquad (3\text{-}49)$$

$$\delta(t) = \delta_i + v_i t + \frac{1}{2}gt^2 - \int_0^t (\int_0^t \frac{F(t)}{m_{im}}dt)dt \tag{3-50}$$

$$E_a(t) = \frac{m_{im}(v_i^2 - V(t)^2)}{2} + mg\delta(t) \tag{3-51}$$

式中，E_i 为冲击能量；m_{im} 为冲头的质量；v_i 为开始时刻的冲击速度；g 为重力加速度（9.81m/s^2）；$\delta(t)$ 为 t 时刻的冲头位移；$F(t)$ 为 t 时刻的冲头位移载荷；$E_a(t)$ 为 t 时刻结构吸收的能量；$V(t)$ 为 t 时刻的冲头速度。

冲击测试采用面冲击，即圆盘式冲头冲击试件上表面，研究不同的冲击能量情况下，夹芯结构的抗低速冲击性能。冲击测试在 10J、20J、30J、40J 四个能量下，其速度分别为 1.14m/s、2.47m/s、3.01m/s、3.50m/s。

第4章　木质基点阵夹芯结构的力学响应

4.1　金字塔型点阵夹芯结构的力学性能

4.1.1　芯层构型设计

木质基金字塔型点阵结构单胞元构型如图 4-1 所示。单胞元结构的大小由点阵芯子的长度 l、倾斜角度 ω、直径 d 和点阵芯子中心点间距 t 决定。

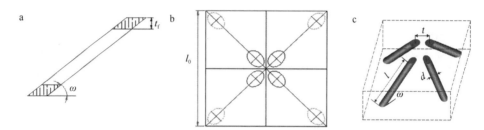

图 4-1　单胞元金字塔点阵结构
a. 单根芯子示意图；b. 上、下面板打孔位置图；c. 单胞元结构

为方便后续的结构加工制备，点阵芯子需穿透上、下面板，上面板的下表面芯子中心点间距 t 为

$$t = \sqrt{2}b\cot\omega + \mathrm{int}\left(\frac{d}{\sin\omega}\right) \qquad (4\text{-}1)$$

芯子的长度为

$$l = \frac{h_{\mathrm{c}}}{\sin\omega} \qquad (4\text{-}2)$$

式中，h_{c} 为上、下面板之间芯子的高度。

单胞元的边长为

$$l_0 = \sqrt{2}l\cos\omega + 2t \qquad (4\text{-}3)$$

点阵结构的相对密度可表示为

$$\overline{\rho} = \frac{\pi d^2}{\sin\omega\left(\sqrt{2}l\cos\omega + 2t\right)^2} \qquad (4\text{-}4)$$

4.1.2　面板设计

　　木材大多数细胞呈轴向排列，仅有少量木射线是径向排列的，轴向纤维素链状分子以 C—C、C—O 键连接，而横向纤维素链状分子以 C—H、H—O 键连接，二者价键的能量差异很大，导致木材的顺纹抗拉、平压强度远大于横纹，且力学性能更加稳定（刘应扬等，2020；江泽慧等，2002）。使用落叶松作为面板材料承受平压载荷时，面板为横向受压，力学性能较弱。为了提高面板的横向力学性能，采用两种加固面板的措施。

　　一种是在原有夹芯结构的基础上进行面板的增强设计，即在上面板的上表面和下面板的下表面进行加固增强，粘接一块顺纹方向与之垂直的加固薄板。选用落叶松实木锯材，锯切成和面板规格相同、厚度为 5mm 的板材，加固板材按照纹理与原面板纹理互相垂直的方向，用环氧树脂胶黏剂将二者进行胶合连接，形成加固型面板，如图 4-2a 所示。另一种是为了避免面板的膨胀和收缩，设计三层板，再进行夹芯结构制备。将三块厚度为 5mm 的落叶松实木锯材按纹理相互垂直排布，使用脲醛树脂进行热压粘接，即第 1 层板与第 3 层板纹理平行，与中间的第 2 层板纹理相垂直。设计过程如图 4-2b 所示。本节设计了不同芯子高度和不同面板材料的夹芯结构，试件尺寸如表 4-1 所示。

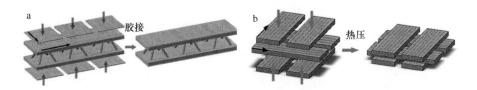

图 4-2　面板增强设计

a. 两层；b. 三层

表 4-1　平压试件几何尺寸

试件	相对密度 $\bar{\rho}$ /%	芯子直径 d/mm	芯子角度 ω /°	芯层高度 h_c/mm	面板厚度 b/mm	胞元边长 l_o /mm
PL	3.51	8±0.1	45	30	10	90
PA-1	4.55	8±0.1	45	20	13	79
PA-2	3.28	8±0.1	45	30	13	93
PB	2.57	8±0.1	45	30	15	105

　　注：PL 代表面板为落叶松实木锯材，PA-1、PA-2 分别代表不同尺寸的两层面板增强夹芯结构，PB 代表三层面板增强夹芯结构。

　　弯曲试件制备的面板材料采用厚度为 10mm 的松木锯材和云杉指接材，芯子采用直径为 8mm 的桦木圆棒榫,并对云杉面板的长梁三点弯曲试件进行了面板增强设计,研究其弯曲力学性能的变化。松木锯材的材料属性如表 2-1 所示,实木云杉材料的顺纹平压强度为 36MPa、弹性模量为 11.58GPa(刘一星和赵广杰,2012;黄见远,2012)。长梁三点弯曲、碳纤维增强面板长梁三点弯曲及短梁三点弯曲试件命名及尺寸如表 4-2 所示。

表 4-2　金字塔型点阵夹芯结构三点弯曲试件尺寸

试件	面板材料	宽度/mm	高度/mm	长度/mm
YW	云杉	100	40±1	661
SW	落叶松	99	40±1	660
YCW	碳纤维增强云杉	100	40±1	654
DYW	云杉	98	40±1	325
DSW	落叶松	98	40±1	325

4.1.3　平压性能分析

1. 试验结果分析

对于采用落叶松实木锯材为面板材料的夹芯结构,轴向压缩试验的试件失效形式主要由面板劈裂和芯子失效构成,如图 4-3 所示,下面板在顺纹方向上产生劈裂,在芯子与面板相交处附近,芯子出现了屈曲、弯曲变形和剪切失效,此时的破坏载荷结果远远低于理论预测,没有正确检测出夹芯结构的承载能力。

图 4-3　落叶松面板点阵夹芯结构的平压失效模式
a. 芯子失效;b. 下面板劈裂和芯子失效;c. 下面板劈裂

点阵夹芯结构承受轴向压缩性能测试时,主要是芯子承受外加载荷(Wang et al.,2010),面板起到固定芯子、传递芯子之间力的作用。但由于木质材料具有各向异性,各个方向的力学性能有很大差异,因此,面板材料的力学性能对结构的平压强度有着重要影响(Jin et al.,2015)。

进行面板增强设计后,PA-1、PA-2 型夹芯结构测试结果如表 4-3 所示。三种点阵夹芯结构均在芯子与面板连接处附近出现芯子压溃破坏,失效模式与位置基本相同，如图 4-4 所示。对比观察 PA-1、PA-2、PB 三种夹芯结构平压试验的载荷-位移曲线图，每个图的曲线发展趋势大体相同，峰值载荷和位移不同，如图 4-5 所示。这说明试件制备过程和方法比较可靠，在一定程度上确保了试件精确度。

表 4-3　PA-1、PA-2 型夹芯结构的测试结果

	F_{max} /N		σ_{max} /MPa		E_{exp} /MPa	
	PA-1	PA-2	PA-1	PA-2	PA-1	PA-2
平均值（标准差）	9717.50±542.70	8481.80±139.70	1.56±0.09	0.98±0.02	39.54±2.70	29.82±1.64

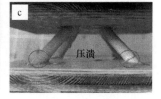

图 4-4　夹芯结构压缩失效模式

a. PA-1 型；b. PA-2 型；c. PB 型

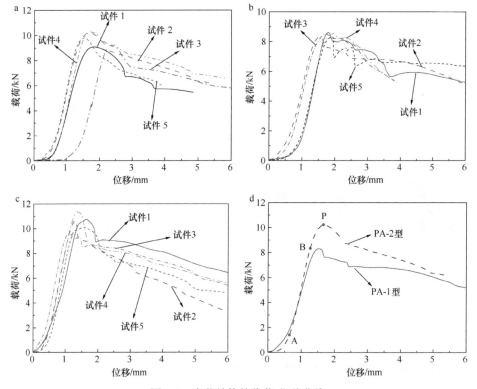

图 4-5　夹芯结构的载荷-位移曲线

a. PA-1 型；b. PA-2 型；c. PB 型；d. PA-1 型与 PA-2 型

典型的载荷-位移曲线可分为四部分，如图 4-5d 所示。第一部分，初始阶段，由于夹芯结构在制备过程中存在误差，上、下面板不能达到绝对平整，因而在受压的初始阶段，出现非线性曲线。第二部分，芯子的弹性变形阶段，即 AB 段。在进行平压试验时，外加载荷由面板传递给芯子，由于面板进行了加固设计，受压过程中，面板没有明显破坏。随着外加载荷的增加，芯子轴向方向应变增加。在弹性阶段，当芯子高度为 20mm 和 30mm 时，其抗压弹性模量 E_{exp} 分别为 39.54MPa 和 29.82MPa，如表 4-3 所示。第三部分，芯子的塑性变形阶段，即 BP 段。在外加载荷逐渐增大的过程中，夹芯结构并没有发生特别明显的变化，但单个芯子出现了弯曲变形，BP 段曲线斜率逐渐减小。根据木质材料的微观结构特点，构成纤维素的中空细胞壁受外力的作用，失去稳定性，因而芯子发生轻微弯曲，宏观表现为木质纤维出现挠曲，甚至折断，芯子承受最大应力处发生破坏，使得芯子横向截面变小，并进一步造成同一截面内其他细胞壁的迅速破坏，外在表现为芯子的横向错动，在图 4-4b、c 中表现尤其明显。当外加试验力达到芯子所能承受的最大荷载 F_{max} 时，芯子发生破坏，破坏的位置主要集中在芯子与面板的连接处附近，出现与圆棒榫轴线趋于垂直的屈曲剪切破坏。芯层高度为 20mm 和 30mm 的夹芯结构，其最终平压强度 σ_{max} 分别为 1.56MPa 和 0.98MPa。第四部分，即 P 点以后，随着载荷的下降，位移逐渐增加，说明夹芯结构达到最大平压强度，发生破坏后，点阵芯子仍可以起到一定的抗压作用，芯子进一步受到破坏，弯曲变形程度也加大，其受压区先失稳，然后受拉区纤维断裂，出现滑移现象。

PB 型夹芯结构，在芯子高度 h_c 为 30mm 时，测试数据如表 4-4 所示。载荷-位移曲线如图 4-5c 所示。采用三层板增强的夹芯结构，面板性能更加稳定，对芯子的限制力也增大，因此，结构整体承载力加大，最大承载力比相同芯子直径和高度的 PA-2 型夹芯结构增大了 23.76%，弹性模量较 PA-2 型夹芯结构提高了 30.78%。

表 4-4　PB 型夹芯结构的测试结果

	F_{max} /N	σ_{max} /MPa	E_{exp} /MPa
平均值（标准差）	10 496.81±694.53	0.95±0.06	39.00±1.51

PA-1、PA-2 和 PB 夹芯结构的最大平压强度试验测试值分别为 1.56MPa、0.98MPa 和 0.95MPa，理论平压强度分别为 1.66MPa、1.16MPa 和 0.91MPa，如表 4-5 所示。试验值和理论值的误差分别是 6.41%、18.37% 和 4.21%。PA-1、PA-2 和 PB 夹芯结构的弹性模量试验测试值分别为 39.54MPa、29.82MPa 和 39.00MPa，理论值分别为 76.64MPa、44.64MPa 和 35.02MPa。对于 PA-1、PA-2 型结构，试验值和理论值相差较大，这主要是由于制备试件过程中会存在一定制备误差，在理论计算时，只考虑了面板的顺纹弹性模量，忽视了面板材料的各向异性，导致 PA-1、

PA-2 型夹芯结构计算的弹性模量大于测试值。对于 PB 夹芯结构，弹性模量试验值与理论值的误差较小，这主要是因为这种设计方法防止了面板的翘曲和变形，使得面板的性能更加稳定，所以，PB 型夹芯结构的试验值更接近理论值。

表 4-5　弹性模量和强度的试验值与理论值比较

试件	弹性模量试验值/MPa	弹性模量理论值/MPa	强度试验值/MPa	强度理论值/MPa
PA-1	39.54±2.70	76.64	1.56±0.09	1.66
PA-2	29.82±1.64	44.64	0.98±0.02	1.16
PB	39.00±1.51	35.02	0.95±0.06	0.91

2. 芯子优化设计测试结果与分析

由试验测试结果可知，木质基金字塔型点阵夹芯结构在平压载荷发生破坏时，破坏位置集中的圆棒榫根部，破坏形式大部分为压溃破坏，破坏截面与木榫轴心方向趋于垂直。根据此情况，本节提出一种芯子增强设计方案，即在芯子根部增加一小块长方体木块，以抑制芯子在接受平压时发生的形变和压溃破坏，增强结构整体的抗压性能，如图 4-6 所示。图 4-7a 和图 4-7b 分别展示了芯子增强金字塔型点阵夹芯结构单胞元及四胞元效果图。

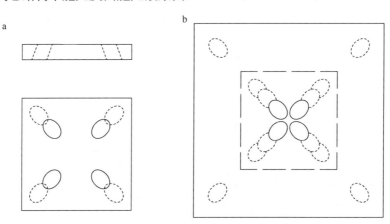

图 4-6　金字塔型点阵夹芯结构芯子增强设计
a. 加固件；b. 俯视图

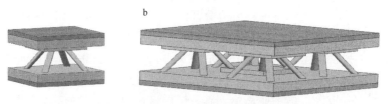

图 4-7　金字塔型点阵夹芯结构芯子增强效果图
a. 单胞元；b. 四胞元

PA-2 型夹芯结构芯子加固前后的平压试验数据如表 4-6 所示，加固后的金字塔型点阵夹芯结构的峰值载荷、平压强度、弹性模量分别比原结构增加了 15.15%、15.31%和 10.63%，加固层限制了芯子的变形，芯子破坏位置下移，该设计提出的加固构型对于木质基金字塔型点阵夹芯结构的平压性能有一定程度上的增强。芯子上部分失效出现在芯子与加固层的交界面附近；芯子下部分没有加固，失效位置与原结构相同，位于芯子末端与面板连接处，如图 4-8 所示。

表 4-6 普通型与芯子增强金字塔型点阵夹芯结构承载力比较

测试数据	普通型	芯子增强金字塔型
峰值载荷/N	8 954.17	10 310.83
平压强度/MPa	0.98±0.02	1.13±0.05
弹性模量/MPa	29.82±1.64	32.99±1.17

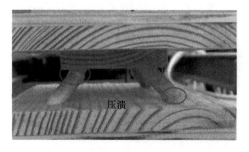

图 4-8 芯子增强金字塔型点阵结构失效模式

4.1.4 弯曲性能分析

图 4-9 为短梁三点弯曲载荷作用下，金字塔型点阵夹芯梁载荷-位移曲线，夹芯梁面板采用云杉和落叶松两种材料。夹芯梁的载荷-位移曲线呈现出相似的变化过程，均可大致分为三个阶段：第一个阶段为线弹性阶段，夹芯梁的跨距中央挠度随着载荷的增加呈线性增加；第二阶段为弹塑性阶段，夹芯结构的承载力达到最大，芯子和面板开始出现失效；第三阶段为锯齿状破坏阶段，芯子和面板的不同部分陆续出现失效破坏。图 4-9 表明，采用云杉和落叶松面板制备的短梁三点弯曲试件都在第二阶段达到峰值载荷，结合图 4-10a、b 短梁三点弯曲失效图片进行分析。落叶松和云杉点阵夹芯结构失效形式类似，弯曲载荷加载初期，首先出现夹芯结构的弯曲变形，随着载荷的持续增加，芯子作为受力主体，在芯子与面板交界处表现出脱胶现象，没有明显出现芯子的压溃失效；随着外加载荷的增大，一系列破坏现象呈现出来，由于木质材料的各向异性，面板的横纹力学性能较弱，在弯曲载荷作用下，上、下面板的表面出现劈裂，面板上有节子处劈裂，并伴随有巨大的声响。

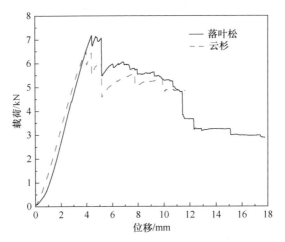

图 4-9　短梁三点弯曲载荷-位移曲线

图 4-10　短梁三点弯曲试验失效模式
a. 落叶松面板；b. 云杉面板

　　图 4-11 表明，云杉和落叶松面板制备的长梁三点弯曲试件的载荷-位移曲线也可以分为如上三个阶段，但与短梁测试结果不同的是，曲线在第三阶段达到峰值载荷，结合图 4-12a、b 长梁三点弯曲失效图进行分析。云杉面板在加载点位置附近的下面板出现了面板的断裂失效，节子处面板破坏。云杉和松木面板的点阵夹芯结构试件均出现了面板劈裂，破坏点主要在芯子打孔位置的面板附近，面板打孔产生的孔洞破坏了木材纤维的连续性，对结构的弯曲性能有一定影响。在面板局部破坏后，结构的承载力曲线随着挠度的增加呈上升趋势，并随着破坏部位的陆续增多，结构的载荷-位移曲线呈现出锯齿型，并最终达到载荷峰值，在结构

发生破坏的同时，伴随有面板断裂的噼啪声。两种材料的结构面板，在弯曲载荷作用下，均在面板有节子处出现失效，说明采用实木板材制备夹芯结构必须考虑木材的天然属性，尽量避免节子对面板性能产生的不利影响。

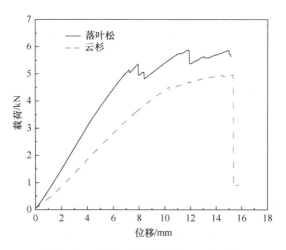

图 4-11　长梁三点弯曲载荷-位移曲线

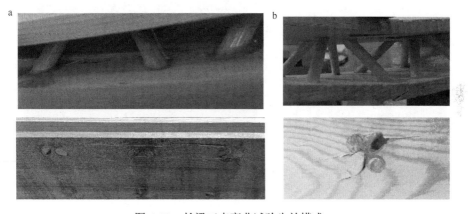

图 4-12　长梁三点弯曲试验失效模式
a. 落叶松面板；b. 云杉面板

　　根据 Basterra 等（2012）的研究内容，采用碳纤维增强面板后，结构的弯曲性能有所提高。针对长梁三点弯曲面板的失效形式，对云杉面板进行增强设计，在其上、下面板的内外表面粘贴碳纤维，纤维方向与表面纹理平行，如图 4-13 所示。

　　碳纤维增强面板的尺寸与未增强面板一致，其试验装置与破坏失效形式如图 4-14 所示，可以看到面板中间劈裂，芯子斜向断裂。在弯曲载荷作用过程中，夹芯结构上面板承受压应力，下面板承受拉应力，碳纤维增强了上、下面板纤维的抗压、抗拉力学性能，结构的承载力明显增加，如图 4-15a 所示，随着跨距中

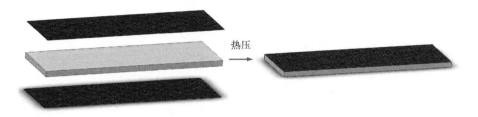

图 4-13 碳纤维增强面板

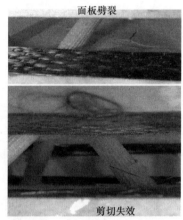

图 4-14 碳纤维增强面板失效形式

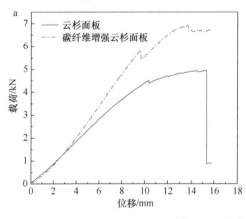
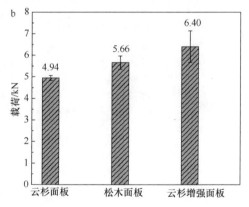

图 4-15 弯曲力学性能对比

a. 载荷-位移曲线图比较；b. 弯曲测试峰值载荷对比

央挠度的不断增加，相应的力呈现不断增加的趋势，与图 4-11 相似，结构失效后，出现了锯齿状破坏形式。对两个图进行对比分析发现，在同一位移下，碳纤维增强之后的载荷明显大于之前。如图 4-15b 所示，普通云杉面板长梁三点弯曲最大载荷为 4.94kN，碳纤维增强后的夹芯结构，最大载荷为 6.40kN，峰值载荷增加了 29.56%。由图 4-15b 可以看出，面板采用两种不同材质的点阵结构试件，由于松木的力学性能优于云杉，试件承载力面板为松木材质大于云杉材质。

　　根据式（3-43）~式（3-46）计算弯曲力学性能，测试结果如表 4-7 所示。以落叶松为面板材料制备的夹芯结构试件与云杉作为面板材料的夹芯结构试件相比，剪切强度和剪切刚度近似相等，说明夹芯结构的剪切性能主要由芯子决定，改变面板材质对结构的剪切强度和剪切刚度影响不大。面板材质变化后，由于落叶松的材料属性大于云杉，面板强度提高了 9.17%，弯曲刚度提高了 77.95%。对云杉面板增强后，其面板强度提高了 29.39%。

表 4-7　点阵结构的弯曲力学性能

类型	剪切强度 τ_c /MPa	面板强度 σ /MPa	弯曲刚度 D/（N·mm^2）	剪切刚度 U/N
云杉面板点阵结构	1.09±0.07	22.25±0.54	1.95×10^9	1.20×10^5
落叶松面板点阵结构	1.14±0.08	24.29±0.97	3.47×10^9	1.18×10^5
碳纤维增强面板点阵结构		28.79±3.31		

　　表 4-8 汇总了 5 种点阵夹芯试件失效载荷的理论值与试验值，并给出了相应的失效模式。短梁三点弯曲测试的试验过程中先出现了面芯失效，但结构没有立刻失效，还具有承载力。根据试验中观察到的现象，芯子没有出现明显失效，而是出现了面板的顺纹劈裂和节子处失效，失效载荷的测试值与理论值存在较大误差。这主要是由于夹芯结构制备时，需要在面板上打孔，安装芯子，为提高芯子与面板的粘接强度，芯子穿透上、下面板，破坏了面板木纤维的连续性，使得面板的力学性能下降。因此，在进行短梁剪切测试时，在芯子达到最大承载力失效前，面板发生了预失效。

表 4-8　弯曲力学性能的理论值与试验值比较

类型	理论失效模式	理论失效载荷/kN	理论挠度/mm	试验失效模式	试验失效载荷/kN	试验挠度/mm
DYW（云杉面板短梁）	FC	10.47	5.24	FC	6.43	5.12
	CC	8.63	–	–	–	–
	DC	2.13	–	DC	–	–
DSW（落叶松面板短梁）	FC	15.33	6.22	FC	6.72	4.76
	CC	8.63	–	–	–	–
	DC	2.13	–	DC	–	–
YW（云杉面板长梁）	FC	5.33	10.95	FC	4.94	13.89
SW（落叶松面板长梁）	FC	7.81	10.99	FC	5.66	11.84
YCW（碳纤维增强云杉面板长梁）	FC	–	–	FC	6.40	13.06
	–	–	–	CC		

　　注：FC 表示面板压溃，CC 表示芯子压溃，DC 表示面芯脱胶。

长梁三点弯曲测试中，面板是受力主体，结构失效模式主要是面板的压溃。试验现象与理论预测一致，YW 与 SW 试件最大承载力的试验值与理论值的误差分别是 7.89% 和 37.99%。误差的原因一方面是试件制备时会产生制备误差；另一方面是木质材料具有各向异性，理论分析是在理想情况下进行，实际制备的试件属性与理论计算时选取的材料属性值会有一定偏差。

4.2 改进金字塔型点阵夹芯结构的力学性能

对于夹芯结构的平压性能研究发现，平压刚度和强度与结构的相对密度和材料属性呈正线性关系（Jin et al.，2015；Wang et al.，2010）。一些文献也对不同相对密度的点阵结构进行了研究。Li 等（2020）以木塑为面板、玻璃纤维增强塑料为芯子制备了二维点阵夹芯结构，并进行了平压试验。试验结果表明，当芯子的直径增加时，结构的相对密度也相应增加，结构的承载力大大提高，从直径为 3mm 时的 3.25kN，增加到直径为 4mm 时的 4.94kN 和直径为 5mm 时的 10.76kN。Zheng（2020b）设计了木质基 X 型点阵结构，采用胶合板为面板、桦木棒为芯子，平压试验结果显示，当芯子直径从 6mm 增加到 8mm 时，压缩强度和弹性模量分别增加了 81.82% 和 313.06%。从 4.1 节的分析可以看出，当金字塔型点阵夹芯结构的芯层厚度从 20mm 增加到 30mm 时，结构的相对密度从 4.55% 下降到 3.28%，平压强度和弹性模量分别下降了 37.18% 和 24.58%。然而，随着相对密度的增加，夹芯结构的整体质量也会变大，这对于结构的轻质特性是不利的。相对密度的变化对于木质基点阵结构的比强度/比刚度和结构载荷质量比的影响研究还较少。同时，现有的研究内容对木质基点阵夹芯结构的侧压性能、弯曲、冲击性能研究得较少。本节对传统的金字塔结构进行改进设计，缩短了芯子之间的间距，提高了结构的相对密度，制备了改进型四胞元点阵夹芯结构。在试验材料的选择上，根据 4.1 节的分析讨论，采用三层增强型面板材料更合适。由于要进行大量的试验测试，这里采用现有的桦木胶合板成品作为面板材料、桦木圆棒榫作为芯子，分析相对密度的变化对结构平压的失效模式、承载能力及载荷质量比等力学性能的影响，同时进行了侧压、弯曲和冲击性能测试，为木质基点阵结构的研究与应用提供数据支持。

4.2.1 芯层构型设计

为提高结构的力学性能，对原金字塔构型进行改进设计，改变原有金字塔结构芯子的位置，使芯子布局更加紧凑，缩小了单胞元大小，如图 4-16 所示，其单胞元边长可表示为

$$l_0 = \left(\frac{2\sqrt{2}}{3}h_c + \sqrt{2}t_f - \frac{\sqrt{2}}{3}d\sec\omega \right)\cot\omega + d\left(\frac{\sqrt{2}}{2} + \csc\omega \right) \quad （4\text{-}5）$$

芯层的相对密度可表示为

$$\overline{\rho} = \frac{\pi d^2}{l_0^2 \sin\omega} \quad （4\text{-}6）$$

当芯子直径 d=8mm、芯子高度 h_c=33mm、芯子倾斜角度为 45°时，该构型相对密度与 4.1 节金字塔型结构的相对密度分别是 6.33%和 4.66%，改进型结构的相对密度提高了 35.8%。

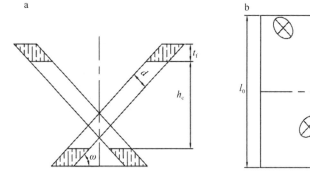

图 4-16　改进型单胞元芯层结构
a. 芯子布局；b. 俯视图

1. 平压试件

在准备阶段，共制备了 6 组样本，每组制备 5 个相同试件，芯层高度分别为 33mm 和 45mm，每种高度设计了 5mm、6mm、8mm 三种不同芯子直径，用于研究芯子直径和芯层厚度对夹芯结构平压性能的影响。点阵夹芯结构的平压试件中，芯子由 2×2 胞元构成。为保证结构受力时的对称性，芯子的倾斜角度为 45°，平压试件的尺寸设计如表 4-9 所示。

表 4-9　平压试件尺寸

样本	芯子直径 d/mm	芯层高度 h_c/mm	面板厚度 t_f/mm	单胞元尺寸		
				长度/mm	宽度/mm	高度/mm
A5	5±0.10	33	9	63	63	51
A6	6±0.10	33	9	64	64	51
A8	8±0.10	33	9	67	67	51
B5	5±0.10	45	9	77	77	63
B6	6±0.10	45	9	78	78	63
B8	8±0.10	45	9	83	83	63

2. 侧压试件

夹芯结构侧向受力时，面板是受力主体，由于制备木质夹芯结构时，对面板上打了通孔，造成了面板木质纤维的断裂，影响了面板的力学性能，进而对夹芯结构的侧向受压性能产生影响。为研究芯子直径对侧压性能的影响，本节分别制备了芯子直径为 5mm、6mm、8mm 的 3 种尺寸试件，具体尺寸如表 4-10 所示。

表 4-10　侧压试件尺寸

试件	相对密度/%	芯子直径 d/mm	芯层高度 h_c/mm	长度/mm	宽度/mm	高度/mm
C5	1.87	5±0.10	45	243	178	62±1
C6	2.63	6±0.10	45	313	180	62±1
C8	4.44	8±0.10	45	333	185	62±1

3. 弯曲试件

采用胶合板作为面板、芯子直径为 8mm 的桦木圆棒榫为芯子制备点阵夹芯结构，如图 4-17 所示。短梁三点弯曲试验采用 1×3 胞元，四点弯曲试验制备 2×14 个胞元，试件尺寸如表 4-11 所示。

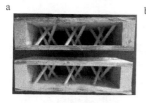

图 4-17　弯曲试件

a. 短梁三点弯曲试件；b. 长梁四点弯曲试件

表 4-11　改进金字塔型点阵夹芯结构弯曲试件尺寸

样本	面板材料	试件宽度 B/mm	芯层高度 h_c/mm	试件长度 L/mm	测试方法
D	胶合板	118±1	45±1	299	三点弯曲
S	胶合板	182±2	45±1	1224	四点弯曲
SC	碳纤维增强胶合板	181±2	45±1	1223	四点弯曲

4.2.2　平压性能分析

1. 平压失效模式分析

夹芯结构平压测试载荷-位移曲线由非线性区、弹性变形区、塑性变形区和进一步破坏构成，所有曲线表现出相似的力学衍变状态，如图 4-18 所示。加载的初始阶段，由于面板制备过程中不可避免存在偏差，试件表面达不到绝对平整，曲线表现出轻微的非线性特性。在 AB 段，随着加载位移的增加，载荷也线性增加，夹芯结构出现弹性变形，曲线斜率达到最大。对于芯子高度 33mm 的夹芯结构，当加载力超过 B 点（大约 35kN）时，曲线斜率逐渐下降，芯子的局部屈曲失效开始出现，然而结构整体的承载力还没有达到最大值；当载荷达到 P 点（最大载荷）时，芯子局部进一步破坏，并伴随有破裂声。随着芯子直径的增加，夹芯结构的承载力也加大，芯子高度为 33mm、直径为 8mm 时的夹芯结构最大承载力，分别是芯子直径 5mm 和 6mm 时夹芯结构的 1.85 倍和 1.22 倍。过了 P 点以后，载荷迅速下降，位移还在逐渐增加，说明结构还具有一定的承载能力，这对于结构安全来说具有重要意义。

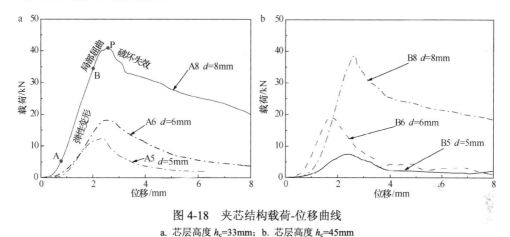

图 4-18　夹芯结构载荷-位移曲线
a. 芯层高度 h_c=33mm；b. 芯层高度 h_c=45mm

夹芯结构的失效模式主要是芯子的屈曲和破坏，如图 4-19 所示。芯子的长度和直径的比值（λ）对失效形式有重要影响。对于细长杆件，如 B5 型结构，相对密度为 1.87%，λ 是 12.73，芯子的破坏形式主要是屈曲失效。失效位置主要在芯子中间部分，由于这种屈曲不可能在所有芯子上同时发生，在某个或某几个芯子上先产生形变，这部分芯子承担了大部分载荷。对于 A5、A6、B6 型结构，λ 值分别是 9.33、7.78 和 10.61，结构的相对密度分别是 2.80%、3.90% 和 2.63%，芯子的破坏主要发生芯子根部，邻近芯子与面板的交界处，并伴随有芯子的屈曲变形。对于 A8 和 B8 型结构，其芯子直径较大（λ 值分别为 5.83 和 7.95），相对密度大于 A5、A6、B5、B6 型结构，芯子出现弯曲变形，并在芯子的两侧、靠近面板的交界位置出现剪切和压溃失效。许多点阵夹芯结构在平压载荷时会发生节点失效（Wang et al.，2018；Li et al.，2020；Xiong et al.，2010）。本节制备的夹芯结构芯子完全固定在面板中，面板和芯子交界面粘接牢固，在平压测试中，没有看到节点失效。面板材料选用桦木胶合板，胶合板由纹理交叉的薄板粘接而成，因此，横向力学性能优于实木材质（Bal et al.，2015）。在试验过程中，没有看到明显的面板失效。

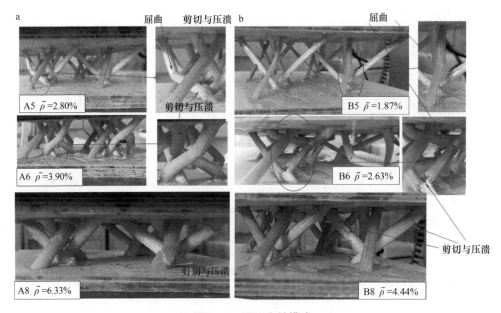

图 4-19　平压失效模式

a. 芯层高度 h_c=33mm；b. 芯层高度 h_c=45mm

2. 试验数据分析

平压试验测试结果如表 4-12 所示。轴向压缩测试中，芯子主要承担外加载荷，压缩载荷与芯层的相对密度、芯子的倾斜角度和芯子材料的属性相关。芯层的相对密度是决定结构平压强度和弹性模量的重要因素。如图 4-20a，b 所示，平压强度和弹性模量随着相对密度的增加而增加。与 A5 型结构比较，A6、A8 型结构的最大平压强度分别提高了 25.30%和 153.01%，A6、A8 型结构的弹性模量分别提

表 4-12　平压强度、弹性模量和载荷质量比测试结果

样本	相对密度/%	平压强度		弹性模量		质量/g	载荷质量比/（N/g）
		平均值/MPa	变异系数/%	平均值/MPa	变异系数/%		
A5	2.80	0.83±0.085	10.36	38.78±8.53	22.00	168.83	78.22±8.00
A6	3.90	1.04±0.087	8.40	40.26±1.03	2.56	178.02	95.27±8.15
A8	6.33	2.10±0.147	7.02	72.00±6.34	8.80	204.21	184.23±12.83
B5	1.87	0.39±0.058	15.03	16.60±0.75	4.55	251.00	36.55±5.50
B6	2.63	0.70±0.079	11.22	36.24±5.40	14.91	262.80	64.95±7.31
B8	4.44	1.53±0.042	2.78	64.47±0.87	1.35	309.33	126.52±3.52

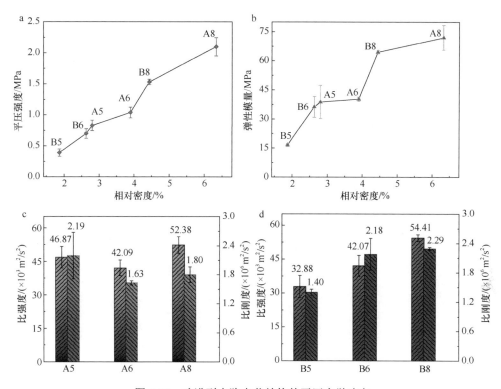

图 4-20　改进型点阵夹芯结构的平压力学响应
a. 平压强度；b. 弹性模量；c. A 组样本的比强度、比刚度；d. B 组样本的比强度、比刚度

高了 3.82% 和 85.66%。与 B5 型结构比较，B6、B8 型结构的最大抗压强度分别提高了 79.49% 和 292.31%，B6、B8 型结构的弹性模量分别提高了 118.31% 和 288.37%。除了 A5 型结构的弹性模量变异系数为 22%，其他数据的变异系数均低于 15%。

比强度/比刚度测试结果如表 4-13 所示。对于 B5、B6 和 B8 型结构，其比强度、比刚度也随着相对密度的增加而线性增加，如图 4-20d 所示。然而，A5、A6 和 A8 型结构则表现出不同的趋势，如图所示 4-20c 所示。比强度、比刚度是由夹芯结构的强度、刚度和芯层密度的大小所决定。因为木材是各向异性材料，每根

表 4-13　比强度/比刚度测试结果

试件	芯层密度/（kg/m³）	比强度/（×10³m²/s²）	比刚度/（×10⁶m²/s²）
A5	17.71	46.87±4.80	2.19±0.48
A6	24.71	42.09±3.52	1.63±0.04
A8	40.09	52.38±3.67	1.80±0.16
B5	11.86	32.88±4.89	1.40±0.06
B6	16.64	42.07±4.75	2.18±0.32
B8	28.12	54.41±1.49	2.29±0.03

芯子的力学性能可能会有一定的差异，这对于试验结果有很大影响。对于 A5 试件，其试验结果表现出较大的分散性，其强度、弹性模量的变异系数分别为 10.36% 和 22%。因此，与 A5 试件的测试结果相比，A6 和 A8 型结构的强度、弹性模量与芯层密度的增加不成比例，呈现出不规则的变化规律。

材料和结构的轻质特性对一些特定的应用场所是至关重要的，如航海、航空和运输业（Pan et al.，2008）。当芯层高度固定时，随着相对密度增加，夹芯结构的整体质量也会增加，对于结构的轻质特性是十分不利的。为了平衡力学性能的提高与结构质量增加的关系，表 4-12 列出了所有试件的载荷质量比，其变化趋势如图 4-21 所示，随着相对密度从 1.87% 变化到 6.33%，结构的载荷质量比分别增加了 77.70%、114.01%、160.66%、246.16%、404.05%。木质夹芯结构的单位质量承载力随着相对密度的增加而增加，展现出较高的质量效率。

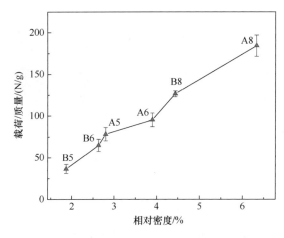

图 4-21　不同相对密度夹芯结构的载荷质量比

与金字塔型结构相比，改进的拓扑结构缩短了芯子之间的距离，结构的力学性能也大大提升，如图 4-22 所示。与 4.1 节芯子增强金字塔型结构相比，A8 和 B8 型夹芯结构的平压强度分别增加了 85.84% 和 35.40%，弹性模量分别增加了 118.25% 和 95.42%。

与金属和复合材料相比，木质材料的自重轻，木质夹芯结构具有较高的比刚度和比强度。木质基改进型点阵结构与 4.1 节的木质基金字塔、金属或碳纤维增强复合材料（CFRC）点阵结构的比强度/比刚度的比较如图 4-23 所示。结果表明，木质基改进型点阵结构的比强度/比刚度优于其他结构，具有更好的轻质特性。其中，试件 B8 的比刚度是碳纤维增强复合材料点阵结构的 1.62 倍（Wang et al.，2010）。

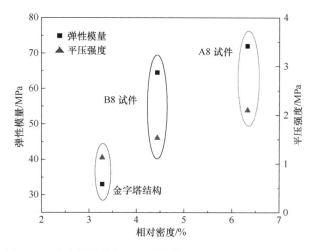

图 4-22 金字塔结构与改进型结构平压强度及弹性模量比较

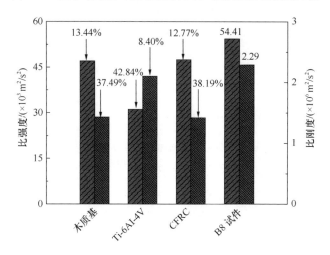

图 4-23 平压载荷下不同材料制备的点阵夹芯结构的比强度/比刚度比较（Wang et al.，2010；Queheillalt and Wadley，2009）

3. 不同面板厚度对平压试验结果的影响

保持芯层高度为 33mm 不变，通过改变面板厚度，结构的抗压性能有较大变化。A8 型夹芯结构，面板厚度分别为 5mm 和 9mm 时的平压失效形式如图 4-24 所示，与上面的分析类似，芯子的弯曲变形，在芯子和面板交界处芯子的剪切和压溃失效是主要的失效形式。对于 A8-P5 型结构，虽然面板变薄，但在受压过程中没有看到面板的失效。试验测试结果如表 4-14 所示，相比较而言，A8-P5 型结构的平压强度和弹性模量分别比 A8-P9 型结构增加了 14.76% 和 17.94%。由于芯子是穿透上、下面板的，面板变薄，可以减小单个胞元的大小，导致芯层的相对密度增加,所以平压强度和弹性模量值有所提高。因此,如果夹芯结构只承受平压载荷,在保证面板强度的前提下,可以采用薄板来提高结构的抗压性能,同时达到减轻自重的目的。

图 4-24　不同面板厚度的点阵夹芯结构平压失效模式

a. A8-P5 型；b. A8-P9 型

表 4-14　不同面板厚度夹芯结构平压力学性能比较

样本	面板厚度/mm	相对密度/%	平压强度/MPa	弹性模量/MPa
A8-P9	9±0.1	6.33	2.10±0.06	72.00±6.34
A8-P5	5±0.1	7.39	2.41±0.298	84.92±7.45

4. 测试结果和理论分析结果比较

根据 3.1.1 节介绍的平压弹性模量和强度的理论分析进行理论值的计算,试验值与理论值如表 4-15 所示。试验中观察到失效模式与理论分析基本一致,理论平

表 4-15　弹性模量和平压强度的试验值和理论值比较　（单位：MPa）

试件	弹性模量试验值	弹性模量理论值	理论失效模式	平压强度理论值	试验失效模式	平压强度试验值
A5	38.78±8.53	34.60	CB	1.27	CB	
			CC	0.97	CC	0.83±0.085
A6	40.26±1.03	48.46	CB	2.56	CB	
			CC	1.36	CC	1.04±0.087
A8	72.00±6.34	79.36	CB	7.44		
			CC	2.22	CC	2.10±0.147
B5	16.60±0.75	20.90	CB	0.45	CB	0.39±0.058
			CC	0.65		
B6	36.24±5.40	29.39	CB	0.92	CB	
			CC	0.91	CC	0.70±0.079
B8	64.47±0.87	49.92	CB	2.78	CB	
			CC	1.54	CC	1.53±0.042

注：CC 表示芯子压溃，BC 表示芯子屈曲。

压强度值稍大于试验值。对于 A5、A6、A8、B5、B6、B8 型夹芯结构,平压强度的理论值与试验值的相对误差分别是 16.87%、30.77%、5.71%、15.38%、30% 和 0.65%,大多数平压强度理论值与试验值相符合,然而 A6 和 B6 型结构的平压强度理论值与试验值误差较大,分别为 30.77% 和 30%。这种偏差主要是来源于两个方面:一方面是样本制备过程中引入的误差;另一方面,木质材料具有各向异性和天然缺陷,每一根桦木榫在力学性能上可能都存在差异,而理论分析是基于理想情况,理论计算时,材料的属性是固定不变的。因此,试验值和理论值在一定程度上的偏差是可以接受的。试验和理论分析的弹性模量值比较接近,相对误差分别是 10.78%、20.37%、10.22%、25.90%、18.90%、22.57%,在合理的范围内。

4.2.3　弯曲性能分析

1. 三点弯曲试验结果与分析

三点弯曲测试试件失效模式如图 4-25 所示,载荷-位移曲线如图 4-26 所示。在加载初期,可见结构出现弯曲形变,随着力的增加,先后出现面板劈裂、芯子脱胶、结构封头开胶等现象,并伴随有剧烈的声响,没有看到芯子发生断裂失效。根据载荷-位移曲线局部放大图片(图 4-26)可知,在载荷达到最大力之前,结构已出现多处局部破坏。达到承载最大力(P 点)后,夹芯结构也没有马上失效,还具有一定的承载力,承载能力呈"之"字形变化,这对于结构的安全性来说是重要的。本节研究的点阵夹芯结构面板厚度相对较大,接近芯子高度的一半,且芯子的长细比相对较小,测试过程中没有面板皱曲和芯子的屈曲变形发生。

面板开裂、弯曲变形

芯子脱胶、封头开胶

图 4-25　夹芯结构弯曲失效模式

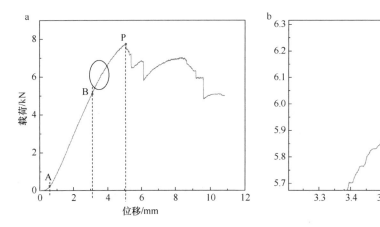

图 4-26 夹芯结构弯曲载荷-位移曲线
a. 载荷-位移曲线；b. 局部放大图

根据 3.1.2 节相关理论，应用式（3-44）计算夹芯结构的剪切应力，芯子产生的剪切应力为 0.58MPa。根据式（3-23）计算跨距中央挠度值，并与试验结果进行比较，如表 4-16 所示。三点弯曲试验过程中，理论上由弯矩产生的挠度值为 0.27mm，占理论挠度值的 7.44%，由剪力产生的挠度值为 3.36mm，占理论挠度值的 92.56%，挠度理论值与试验值误差为 21.43%，误差的产生主要来源于试件制备误差和木材的材料属性误差，理论分析与试验测试结果基本相符合。

表 4-16 弯曲测试与理论预测结果

| 试件 | 三点弯曲 | 峰值载荷/kN | 剪切应力/MPa | 理论挠度/mm | | 试验挠度/mm | 误差 |
				弯曲	剪切		
D	胶合板	7.46±0.63	0.59±0.066	0.27	3.36	4.62±0.67	21.43%

2. 四点弯曲试验结果与分析

弯曲载荷加载初期，夹芯结构先出现弯曲变形，随着载荷的增加，出现了芯子与面板交界处的面板破裂、芯子脱胶、部分芯子劈裂、弯曲试件两侧封头开胶等失效形式，如图 4-27 所示。

根据 3.1.2 节相关理论，进行四点弯曲理论挠度值的计算，其与试验测试结果的比较见表 4-17。弯曲强度的试验值为 14.82MPa，抗弯弹性模量的试验值为 2.33GPa。为增强结构的抗弯性能，在上、下面板外表面进行碳纤维增强，增强后结构的平压强度为 16.23MPa，抗弯弹性模量为 2.82GPa，平压强度和弹性模量分别增加了 9.51% 和 21.03%。S 试件的测试挠度值与理论值比较接近，占理论值的 97.87%，SC 样本试验挠度值变小，占理论值的 71.99%。面板增强前后的夹芯结

整体结构发生弯曲变形

芯子劈裂失效　　　　　　芯子脱胶　　　　　　封头开胶

图 4-27　试件弯曲失效模式

表 4-17　四点弯曲理论与测试结果比较

试件	面板	抗弯强度/MPa	抗弯弹性模量/GPa	理论挠度/mm		试验挠度/mm
				弯曲	剪切	
S	胶合板	14.82±0.11	2.33±0.16	20.53	8.54	28.45±2.36
SC	碳纤维增强	16.23±0.50	2.82±0.438	22.30	9.15	22.64±0.79

构弯曲载荷-位移曲线如图 4-28 所示。面板增强后，结构在达到最大承载力后，载荷-位移曲线呈振荡形式，说明结构失效部分逐渐增多，整体仍能承受一定载荷。

图 4-29 展示了四点弯曲挠度理论值与试验值的比较结果。以外加载荷 9.65kN 为例，S 试件的挠度值为 26.78mm，与理论值相差 2.29mm，二者比较接近。在面板经碳纤维增强后，在相同载荷下，面板强度变大，夹芯结构抵抗弯曲变形的能力也随之增大。SC 试件的挠度值小于 S 试件，与理论值相差 7.52mm，说明载荷相同时，面板增强结构的抗弯性能增强，因此，夹芯结构的跨距中央挠度值变小。

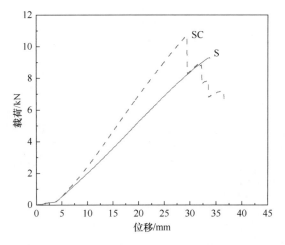

图 4-28　弯曲载荷-位移曲线

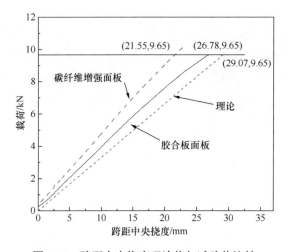

图 4-29　跨距中央挠度理论值与试验值比较

改进型点阵结构与直柱型点阵结构（张利，2014）的弯曲力学性能比较如图 4-30 所示。S 试件的弯曲强度与弹性模量较单排直柱型点阵结构分别提高了 30.11%和 36.26%，S 试件的弯曲强度与双排直柱型点阵结构基本相当，但弹性模量增加了 15.92%。经表面增强后，SC 试件的弯曲强度与弹性模量比单排直柱型点阵结构分别提高了 42.49%和 64.91%，比双排直柱型点阵结构分别提高了 9.37%和 40.30%。综上所述，改进型夹芯结构的弯曲力学性能更有优势。

与集成材料、工字梁等常用木质工程材料相比，改进型点阵夹芯结构 S 试件的弯曲强度/弹性模量值相对较小，如表 4-18 所示。改进型 S 试件弯曲强度分别达到集成材和工字梁的 23.97%和 38.98%，弹性模量分别达到集成材和工字梁的

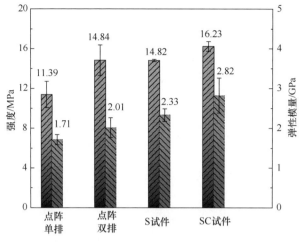

图 4-30　弯曲力学性能比较（张利，2014）

表 4-18　弯曲性能比较

材料	强度/MPa	弹性模量/GPa	比强度/（×10³ m²/s²）	比刚度/（×10⁶ m²/s²）
改进型 S	14.82	2.33	527.03	82.86
集成材	61.84	8.01	103.29	13.35
工字梁	38.02	6.5	368.08	62.96

注：表中部分数据参考张利（2014）。

29.09%和 35.85%。 三种木质工程材料相比较，改进型 S 试件的弯曲比强度/比刚度值达到最大，如图 4-31 所示。

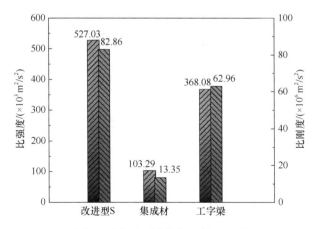

图 4-31　弯曲比强度/比刚度性能比较（张利，2014）

从以上分析可知，木质基改进型点阵夹芯结构的弯曲强度、弹性模量等力学性能较常用木质工程材料还有一定差距，但其弯曲比强度/比刚度远远大于集成材，因此可以在木质基材料的基础上，进行结构的增强设计，以满足实际应用场合轻质、高强的需要。木质基改进型点阵夹芯结构可用于交通运输、航海、航空等行业，如作为高铁隔板、行李架、顶板内衬等，还可以充分利用点阵夹芯结构的内部空间放置电线、保温材料等，既节约材料、低碳环保，又可以实现结构的功能设计。

4.2.4 侧压性能分析

理论预测结果与试验数据比较见表 4-19。当保持面板厚度不变时，改变芯子的直径大小（从 5mm 增加到 6mm 和 8mm），则结构的承载力和平压强度变化较小，说明在侧压载荷下，面板的强度和刚度起着决定性的作用。由于芯子穿透上、下面板，破坏了面板的完整性，当芯子直径加大时，芯子的力学性能增强，但是对面板的破坏孔径也加大了。因此，C6 型试件的最大承载力和平压强度在这三种试件中最大。芯子的力学性能和由于打孔引入的芯子对面板的破坏程度对侧压力学性能有重要影响。

表 4-19　测试值与理论值结果比较

样本	平压强度/MPa	预测失效模式	预测峰值载荷/kN	试验失效模式	试验峰值载荷/kN
C5	23.31	FC	115.06	FC	—
	—	FW	119.02	FW	—
	—	SB	60.47	SB	74.68±9.00
C6	26.00	FC	116.35	FC	—
	—	FW	117.29	FW	—
	—	SB	86.15	SB	83.76±2.54
C8	24.39	FC	119.58	FC	81.22±2.08
	—	FW	114.59	FW	—
	—	SB	154.76		

注：FC 表示面板压溃，FW 表示面板皱曲，SB 表示宏观剪切屈曲。

Li 等（2011b）的研究表明，在承受侧向压缩载荷时，夹芯结构表现的失效模式主要有宏观欧拉屈曲、宏观剪切屈曲、面板皱曲失效、面板压溃失效等。但由于试件制备和实验室加工条件的限制，没能制备出符合欧拉屈曲失效情况的试件。

试件 C5 和 C6，由于芯子的直径相对较小，在结构承受侧向载荷时，主要的失效模式是芯子的剪切失效和面板的压溃与皱曲，试件 C5 和 C6 的受力过程基本一致，载荷-位移曲线如图 4-32a 所示，结构受压的失效过程如图 4-32c、d 所示。

起初，面板主要承担外加载荷，载荷随着位移线性增加，可以看到面板出现弯曲变形，随着位移逐渐加大，芯子也开始承担载荷，结构的整体承载力不断加大，当承载力达到最大值时，芯子和面板开始出现失效。在 4-32b 放大的失效图中，可以看到芯子发生了剪切破坏，面板上有皱曲、压溃和分层 3 种失效形式。没有看到面板和芯子之间节点的破坏，说明节点的胶接能力比较强。

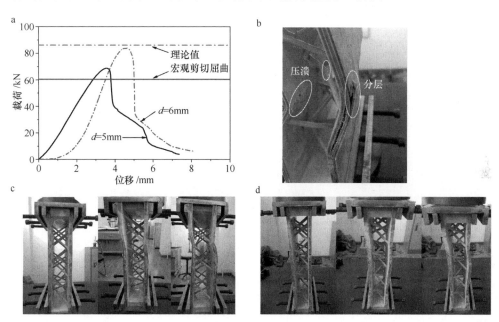

图 4-32　侧压测试

a. 载荷-位移曲线；b. 失效模式；c. C5 试件失效过程；d. C6 试件失效过程

与 C5 试件相比，C8 试件芯子的直径是 C5 试件的 1.6 倍，因此，C8 试件芯子的剪切强度大于 C5 试件。但同时 C8 试件芯子对面板的破坏程度也加大了。在侧压过程中，可以看到面板出现了皱曲、分层和压溃 3 种失效形式，由于芯子的直径变粗，抗剪能力变强，没有明显的芯子剪切失效出现，C8 试件的载荷-位移曲线和失效图片如图 4-33 所示。在结构开始承受侧压载荷的时候，有一小段非线性区，这主要是由于面板制作误差，导致试件上、下表面不完全平行造成的。然后，进入到弹性变形阶段，载荷随着位移线性增加，结构出现明显的弯曲变形，当外力达到 80kN 附近、位移在 4mm 左右时，夹芯结构达到了最大的承载力。最后，面板出现急剧破坏，面板的皱曲、分层和压溃都变得非常明显，并伴有较大的声音。在几种失效形式综合作用下，夹芯结构的承载力迅速下降。图中给出了 3 个试件的载荷-位移曲线，都表现出相同的变化趋势。

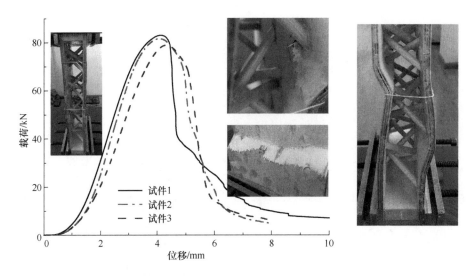

图 4-33　C8 型试件载荷-位移曲线和失效图片

4.2.5　冲击性能分析

受冲击探头圆盘尺寸的限制，试件为单胞元点阵夹芯结构。试件参数：芯子直径 8mm，芯层厚度 45mm。图 4-34 分别给出了四种冲击能量下，木质基点阵夹芯结构的响应曲线。通过分析这些曲线，我们可以得到该结构的抗冲击性能。随着冲击能量的增加，冲击过程所需的时间也随之增加，同时，面板和芯子也遭受到更大的损伤。

冲击能量为 10J 时，夹芯结构的冲击时间最短，同时，试件的损伤也最小。在图 4-34a 中，芯子和面板几乎没有肉眼可见的、明显的破坏。当冲击能量为 20J 时，由图 4-34b 可见，冲击载荷达到最大值后，出现了剧烈下降，曲线出现振荡波形，具有多个峰值，说明结构有多个失效阶段，每个峰值对应结构的一种或多种失效。观察芯子失效情况，在面芯交界处出现面芯脱胶、芯子拔出失效、芯子根部发生剪切断裂等失效模式。冲击能量增大到 30J 时，冲击载荷-时间曲线也出现了多处峰值，对应芯子更剧烈的破坏形式，冲击时间加大到 4ms 左右，如图 4-34c 所示，芯子破坏严重，出现面芯脱胶、芯子劈裂、芯子根部破坏等失效模式。冲击能量进一步增大到 40J 时，冲击载荷-时间曲线有多处峰值，冲击能量的增加导致结构失效更为严重，出现了面板扭曲、面芯脱胶、芯子中间屈曲、芯子根部压溃等失效模式。

四种冲击能量下，冲击测试的载荷-位移曲线如图 4-35 所示。在冲击开始时，

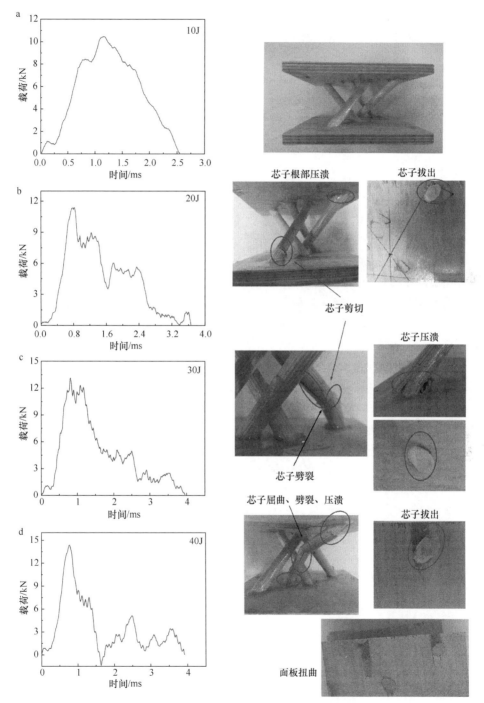

图 4-34　冲击测试载荷-时间曲线及结构失效模式

a. 10J；b. 20J；c. 30J；d. 40J

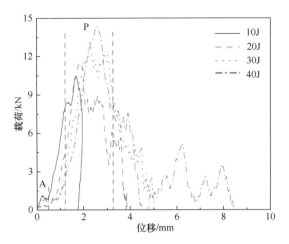

图 4-35　冲击载荷-位移曲线

几种冲击能量作用下，试件都会发生微小的破坏，如图 4-35 中 A 区所示，但不影响结构整体的抗冲击性能，载荷随着冲击位移的增加而增加。当达到最大载荷附近（P 区），在几种冲击能量下，曲线都呈现出多个峰值波动，表明试件出现多个破坏点，随着冲击能量的增加，结构的位移也逐渐增大，冲击能量为 10J 时，位移为 1.96mm，当冲击能量为 40J 时，位移增加到 8.43mm，相应的结构失效模式更加剧烈，过了峰值载荷后，冲击能量为 20J、30J 和 40J 的夹芯结构仍具有一定的抗冲击能力，但失效破坏位置增多，如图 4-34 所示。

　　由式（3-49）～式（3-51）计算可得到冲击测试结果，如表 4-20 所示。在 10J 和 20J 冲击能量下，夹芯结构吸收能量的比例较高，之后，随着冲击能量的增加，结构的塑性破坏加大，部分能量在破坏时消散，导致吸收能量比例下降，如图 4-36 所示。与 Hachemane 等（2013）所做夹芯结构冲击测试结果相比较，木质基点阵夹芯结构在冲击能量约为 10J 时，其能量吸收率比密度为 270kg/m^3 和 310kg/m^3 的软木芯子结构分别提高了 7.59% 和 6.74%。

表 4-20　冲击测试结果

E_i /J	$\delta(t)$ /mm	$E_a(t)$ /J	$E_a(t)/E_i$ /%
9.95	1.70	9.61±0.32	96.58±3.22
19.83	2.0	19.84±0.34	100.05±1.71
29.32	2.14	26.81±4.09	91.44±13.95
39.70	2.51	31.20±4.75	78.59±11.96

注：E_i 为冲击能量，$\delta(t)$ 为 t 时刻的冲头位移，$E_a(t)$ 为 t 时刻结构吸收的能量。

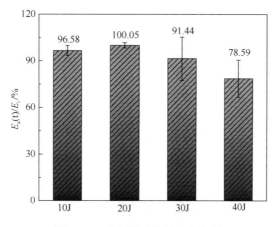

图 4-36　冲击测试能量吸收比例

4.3　混合金字塔型点阵夹芯结构的力学性能

点阵夹芯结构的平压力学性能是实际应用中经常需要考虑的参数之一，人们也对各种点阵夹芯结构的平压强度和弹性模量进行了深入研究与优化设计。例如，Jishi 等（2016）通过在碳纤维复合材料金字塔型结构的中心位置放置直柱型芯子增强结构的平压性能。Wang（2018）制备了复合材料 X 型点阵结构，进行平压力学性能测试，得出其力学薄弱点在芯子交叉位置，通过在 X 型点阵结构的芯子交叉位置放置等边三角形以提高结构的抗压能力，结果表明：平压强度比放置前原结构提高了 13%。Li 等（2020）在二维点阵芯子玻璃纤维棒的两端放置加固环，改善芯子的力学性能。当芯子直径为 3mm、倾斜角度为 45°和 60°时，增强后的点阵夹芯结构承载力比原来分别提高 21.631%和 34.298%。在 4.1 节金字塔型结构中，针对芯子末端压溃失效模式，在芯子与面板交界处放置加固木块，其最大承载力和平压强度分别提高了 15.15%和 15.31%。以上几种芯子增强方法虽然对点阵结构的平压性能有所提高，但效果有限。在保证夹芯结构一定的横向剪切能力的前提下，针对以平压载荷为主要应用场合，为大幅度提升夹芯结构的平压力学性能，本节提出了混合型点阵夹芯结构的设计思想，即在金字塔型和改进型拓扑结构的设计基础上，于芯层构型中增加了直柱型芯子，构成混合型夹芯结构，并详细分析了该结构的平压失效机理，研究了平压强度、弹性模量、比强度/比刚度及载荷质量比等力学性能，为混合型结构的实际应用提供研究基础。

4.3.1　芯层构型设计

直柱型结构在承受平压载荷时，力学性能优异，可以用于需承受较大压缩载荷的情况（金明敏，2015）。在金字塔型和改进型结构基础上，放置相同直径的直柱型点阵芯子，形成混合型点阵结构，可以在不改变胞元大小的情况下，大幅提升结构的相对密度，进而提高其平压力学性能。芯子结构布局如图 4-37 所示。

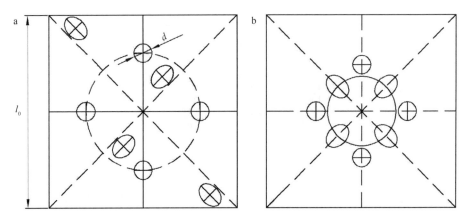

图 4-37　混合结构设计
a. 改进型+直柱型；b. 金字塔型+直柱型。d 代表芯子直径；l_0 代表单胞元边长

混合结构的相对密度可表示为

$$\overline{\rho} = \frac{\pi d^2}{l_0^{\,2}}\left(\frac{1}{\sin\omega} + 1\right) \tag{4-7}$$

式中，d 为点阵芯子的直径；l_0 为单胞元结构的边长；ω 为芯子的倾斜角度。

为与前面制备的改进型、金字塔型点阵夹芯结构的力学性能进行比较，这里仍采用桦木胶合板作为面板材料、桦木圆棒榫作为芯子材料，制备混合型夹芯结构。胶合板面板材料厚度为 9mm，芯子的倾斜角度为 45°，为深入分析平压失效模式与力学性能，设计了不同构型和参数的混合型结构。平压试件 JA、JB、JC 代表"金字塔型+直柱型"混合结构，HA、HB 代表"改进型+直柱型"混合结构，试件的单胞元尺寸如表 4-21 所示。

表 4-21　混合型试件几何尺寸

试件	相对密度 $\overline{\rho}$ /%	芯子直径 d/mm	芯层高度 h_c/mm	单胞元边长 l_0/mm
JA	2.82	5±0.1	30	82
JB	3.87	6±0.1	30	84
JC	5.99	8±0.1	30	90
HA	4.49	6±0.1	45	78
HB	7.04	8±0.1	45	83

4.3.2　平压性能分析

图 4-38 为"改进型+直柱型"混合点阵夹芯结构的平压应力-应变曲线，曲线趋势基本一致。从图 4-38 中可以看出，曲线初始部分都有一段非线性阶段，这主要是由于试件制备时，表面轻微不平整造成的。然后，曲线进入弹性变形阶段，平压应力随着应变的增加而增加，曲线斜率基本不变，在弹性位移变化达到最大值（A_1、A_2 点），曲线斜率逐渐变小，代表在压缩过程中，试件有塑性变形发生，随着载荷的增大，试件达到最大承载力（P_1、P_2 点），此时在芯子上表现出明显的弯曲变形，压溃失效。而后，承载力随着应变的增加迅速下降，但仍能抵抗一部分外来载荷，试件破坏程度也进一步加剧。

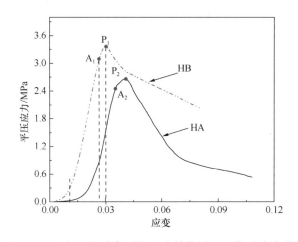

图 4-38　"改进型+直柱型"混合结构平压强度-应变曲线

"改进型+直柱型"混合点阵结构的失效模式如图 4-39 所示。由理论分析可知，直柱型芯子承担的载荷大于改进型，受力过程中，直柱型芯子首先出现弯曲变形，而后倾斜型芯子随着承载力的增加也表现出弯曲，随着载荷继续增加，直柱型芯子逐步出现芯子断裂现象，失效位置在芯子的中上部或中下部，改进型金字塔芯子也表现出破坏，失效位置在芯子中部，如图 4-39b、c 所示。

图 4-40 为"金字塔型+直柱型"混合点阵夹芯结构的平压载荷-位移曲线，曲线形状与图 4-38 相似，也可以大致分为初始非线性阶段、弹性变形阶段、塑性变形阶段和失效加剧阶段。随着芯子直径的增加，混合结构的承载力也迅速增大，JC 试件（芯子直径为 8mm）峰值承载力达到 20kN 左右，是 JB 试件（芯子直径为 6mm）的 1.86 倍、JA 试件（芯子直径为 5mm）的 2.68 倍。

图 4-39 "改进型+直柱型"混合结构平压失效模式

a. 开始施加载荷；b. 芯子出现塑性变形；c. 芯子塑性破坏

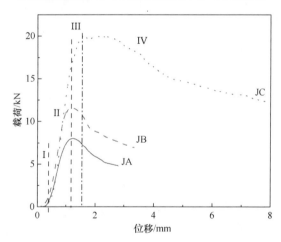

图 4-40 "金字塔型+直柱型"混合结构平压载荷-位移曲线

　　"金字塔型+直柱型"混合点阵夹芯结构平压失效模式如图 4-41 所示。JA 试件的芯子直径较细，承压过程中，明显看到直柱芯子和斜柱芯子的弯曲变形，随着载荷的增加，在芯子中上部或中下部发生压溃失效。JB、JC 试件的芯子直径分别增加到 6mm 和 8mm，直柱芯子弯曲变形明显，直柱芯子和斜柱芯子都在根部位置发生失效。3 组试件的轴向压缩过程中，都没有明显的面板失效和面芯脱胶出现。

图 4-41　"金字塔型+直柱型"混合结构平压失效模式

通过以上分析可知，两种构型的混合结构失效基本以弯曲变形和芯子压溃破坏失效为主，当斜柱芯子的长径比在 7.07 以下时，弯曲变形较轻，失效基本在试件根部；当斜柱芯子的长径比在 7.95 及以上时，弯曲变形明显，芯子失效以中下部、中上部为主，各试件长径比如图 4-42 所示。

根据式（3-18）、式（3-20）和式（3-21），对混合型点阵结构的平压强度和弹性模量进行理论预测。混合结构平压强度按芯子欧拉屈曲计算，理论值与试验值相差都比较大，压溃失效的理论应力计算值与测试值基本相符，如表 4-22 所示。HA、HB 型结构平压强度试验值与压溃理论值的误差分别为 12.05%和 1.47%。HA、HB 型结构弹性模量试验值与压溃理论值的误差分别为 27.73%和 11.57%。JA、JB 和 JC 型结构平压强度试验值与压溃理论值的误差分别为 23.33%、21.13%和 18.47%。JA、JB 和 JC 型结构弹性模量的试验值与理论值的误差分别为 10.48%、5.63%和 13.92%。数据误差主要来源于两个方面：一是试件的制备误差；二是由于桦木芯子是各向异性材料，其力学性能可能存在偏差，而理论计算中的芯子材料属性是固定的，因此造成实验结果与理论分析之间的差异，所有误差均在 30%以内。

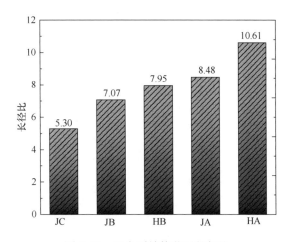

图 4-42　混合型结构芯子长径比

表 4-22　试验值与理论值比较

试件	平压弹性模量/MPa		误差/%	平压强度/MPa		误差/%
	试验值	理论值		试验值	理论值	
JA	90.67±11.65	81.17	10.48	1.12±0.07	压溃失效 1.38	23.33
	—	—	—	—	欧拉屈曲 3.45	—
JB	105.95±24.79	111.91	5.63	1.56±0.21	压溃失效 1.89	21.13
	—	—	—	—	欧拉屈曲 6.82	—
JC	153.96±25.00	175.39	13.92	2.48±0.07	压溃失效 2.94	18.47
	—	—	—	—	欧拉屈曲 18.82	—
HA	155.81±34	112.6	27.73	2.49±0.16	压溃失效 2.19	12.05
	—	—	—	—	欧拉屈曲 3.51	—
HB	200.98±11.17	177.73	11.57	3.39±0.03	压溃失效 3.44	1.47
	—	—	—	—	欧拉屈曲 9.80	—

　　混合型夹芯结构在胞元大小不变的情况下，通过加入直柱型芯子，增加了芯层的相对密度，平压力学性能得到大幅度提高，如图 4-43 所示。与 4.2 节改进型结构相比，在芯子直径和芯层高度相同的情况下（d=6mm，h_c=45mm），HA 混合型结构的平压强度和弹性模量比 B6 改进型结构分别提高了 2.56 倍和 3.18 倍。在芯子直径和芯层高度相同的情况下（d=8mm，h_c=45mm），HB 混合型结构的平压强度和弹性模量比改进型结构 B8 分别提高了 1.22 倍和 2.12 倍。与 4.1 节金字塔型结构相比，在芯子直径和芯层高度相同的情况下（d=8mm，h_c=30mm），JC 混合型结构的平压强度和弹性模量比 PA-2 型金字塔结构分别提高了 1.53 倍和 4.16 倍。

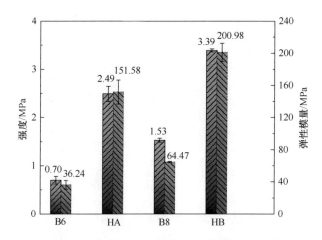

图 4-43　混合型结构与改进金字塔型结构平压力学性能对比

　　在木质点阵夹芯结构中，由于面板的体积较大，其质量也较大，芯子的质量占结构的总质量的比重比较小。因此，混合型结构虽然增加了芯子数量，但和单层结构比较，总的质量增加不大，载荷质量比明显提升。例如，HA 型混合结构的载荷质量比为 220.18N/g，是同尺寸 B6 型结构的 3.39 倍；HB 型混合结构的载荷质量比为 280.94N/g，是同尺寸 B8 型结构的 2.22 倍。与玻璃纤维制备的点阵夹芯结构相比，HB 型混合结构的载荷质量比提高了 4.95 倍，和碳纤维制备的点阵夹芯结构相比，HB 型混合结构的载荷质量比提高了 3.05 倍（张昌天，2008）。综上所述，混合型结构的承载力明显增加，且峰值载荷增加的速度远大于增加芯子造成的质量增加速度，故单位质量承载力也有很大提高。

比强度/比刚度是评价点阵结构材料属性的重要方面，混合型点阵结构的比强度/比刚度优于一些其他材质的点阵结构，如图 4-44 所示。HA 混合型点阵结构的比强度/比刚度值最大，其比强度比 B8 型木质点阵提高了 61.09%，比金字塔型铝点阵提高了 35.47%（Queheillalt et al.，2008；王兵，2009），比碳纤维点阵提高了 84.68%（Wang et al.，2010），比直柱型 3D 打印点阵结构提高了 32.50%。HA 混合型点阵结构的比刚度是 B8 型木质点阵的 2.33 倍、金字塔型碳纤维点阵的 3 倍多（Wang et al.，2010）。"金字塔型+直柱型"混合点阵夹芯结构的比强度/比刚度与 HA、HB 型结构相似，也远高于其他材质点阵结构，如表 4-23 所示。由于木材的轻质特性，其芯层密度较低，采用不同形式的混合结构均可获得较高的比强度/比刚度。

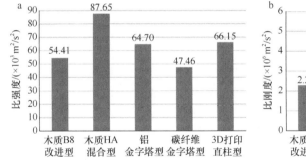
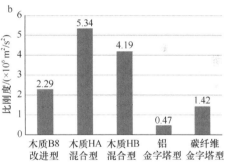

图 4-44 混合结构与其他材料制备的点阵结构力学性能比较（Ye et al.，2019；Wang et al.，2010；
王兵，2009；Queheillalt et al.，2008）
a. 比强度；b. 比刚度

与其他传统建筑材料相比，木质基点阵夹芯结构的平压强度相对较低，但由于具有内部贯通的芯层空间，导致其芯层密度，即表观密度非常低。例如，混合型点阵夹芯结构 HB 试件的芯层密度为 48kg/m³，仅为黏土砖表观密度的 2.82%。而其平压强度可以达到 3.39MPa，约为黏土砖的 33.9%。故其比强度性能高于传统建筑材料，比松木稍高出 2.96%，比低碳钢高出 33.77%，分别是混凝土和黏土砖的 5.77 倍和 12 倍，如表 4-24 所示（孙武斌和邬宏，2009）。

表 4-23　点阵夹芯结构比强度/比刚度比较

样本	芯层密度/（kg/m³）	比强度/（×10³m²/s²）	比刚度/（×10⁶m²/s²）
JA	17.85	62.75	5.08
JB	24.49	63.695	4.33
JC	37.93	65.385	4.06
HA	28.41	87.65	5.34
HB	48	70.62	4.19
PA-2	20.81	47.10	1.43
金字塔型铝点阵	170	64.7	0.47
金字塔型碳纤维点阵	18	47.46	1.42
直柱型 3D 打印点阵	—	66.15	

注：表中后三行数据分别参考 Queheillalt 等（2008）、Wang 等（2010）、Ye 等（2019）。

表 4-24　木质基点阵夹芯结构与其他建筑材料比强度性能对比

材料	表观密度/（kg/m³）	平压强度/MPa	比强度/（×10³m²/s²）
混合型 HB	48	3.39	70.63
松木	500	34.3	68.60
低碳钢	7860	415	52.80
混凝土	2400	29.4	12.25
黏土砖	1700	10	5.88

注：表中部分数据参考孙武斌和邬宏（2009）。

与同等体积的实体结构材料相比，木质基点阵夹芯结构混合型 HB 试件单胞元的承载能力为 23.35kN，远低于松木、低碳钢、混凝土等实体结构，如图 4-45a 所示。但由于混合型 HB 单胞元质量轻，其单胞元载荷质量比可达到 281.17N/g，接近黏土砖的 3 倍，是混凝土的 1.42 倍，如图 4-45b 所示。

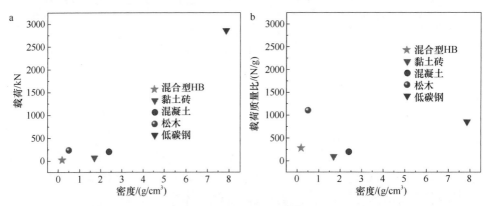

图 4-45　木质基点阵夹芯结构与其他建筑材料承载能力性能比较（孙武斌和邬宏，2009）
a. 载荷；b. 载荷质量比

在实际应用时，虽然木质基点阵结构的强度低于钢材、混凝土等建筑结构材料，但其优异的比强度/比刚度性能和较高载荷质量比，充分说明木质基点阵结构的轻质特点。可以考虑采用钢材或碳纤维等增强材料与木质材料结合，设计木质基复合材料点阵夹芯结构，得到既满足强度要求又具有轻质特性的新型工程材料，降低能量消耗，减少碳排放。作为一种有着轻质、高强特点的新型木质工程材料，木质基点阵夹芯结构可以作为建筑和结构中的梁或面板结构，其结构具有可设计性、多功能性，可设计成隔音墙、绝缘地板、隔离电磁辐射屋顶等，应用于特殊场合。

4.4　双层点阵夹芯结构的力学性能

除了对点阵夹芯结构的制备、拓扑构型、力学性能的研究，人们还测试和分析了混合型芯层、层级和多层点阵结构（Sun et al.，2016；Daynes et al.，2017）。Xiong 等（2012）制备金字塔型双层碳纤维增强型点阵夹芯，并进行了准静态压缩测试和低速冲击实验。Fan 等（2011）设计了多层夹芯结构，测试结果表明：多层结构吸能特性大大提高，远远超过同样厚度的单层结构。根据金字塔型点阵夹芯结构的力学性能研究相关文献（Jin et al.，2015；Wang et al.，2010；Xiong et al.，2014b），以及课题组成员对于该构型木质基夹芯结构的平压测试发现：不考虑面板对于整体结构力学性能的影响，在接受平压载荷作用下，当芯子相对密度较低时，芯子的中间位置易发生屈曲失效，当芯子相对密度较大时，木质基金字塔型夹芯结构发生的失效形式为圆棒榫连接件的压溃，且发生压溃的部位绝大多数情况下发生在圆棒榫与上、下面板连接的位置，即芯层结构端部。针对该结构在平压荷载情况下出现的此类破坏情况，本节设计了一种新型点阵结构，即在上、下两个面板中间放置一块面板，形成了双层夹芯结构，以抑制芯子在接受平压时发生的形变。中间板缩短了上、下面板之间的距离，增加了结构的抗压性能，本章详细讨论了该中间板在结构力学性能中发挥的作用，以及双层结构的平压失效模式、吸能特性和弯曲特性等。

4.4.1　芯层构型设计

双层木质基点阵夹芯结构由上、中、下面板和芯子构成，为更好地体现结构的力学性能，结构设计和制作采用四胞元结构，设计效果如图 4-46 所示。圆棒榫与桦木胶合板面板成 45°倾斜角，通过环氧树脂胶黏剂插入上、中、下面板的钻孔之中构成一个整体结构。

双层夹芯结构的点阵芯子倾斜角度为 45°。芯子的直径为 6mm，上、下面板的厚度均为 9mm，芯层高度分别为 33mm 和 45mm 两种。为了研究中间面板厚度对双层点阵夹芯结构力学性能的影响，本节设计了中间面板不同厚度的试件，具体结构设计尺寸如表 4-25 所示。

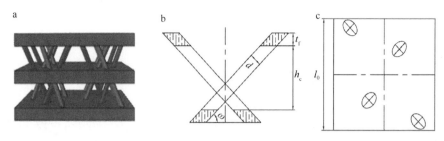

图 4-46 双层夹芯结构构型设计

a. 单胞元结构；b. 芯子布局图；c. 俯视图。d 代表芯子直径；t_f 代表面板厚度；h_c 代表芯子厚度；l_0 代表单胞元边长

表 4-25 双层点阵夹芯结构平压试件单胞元尺寸

试件	中间板厚度/mm	芯子厚度/mm	单胞元尺寸		
			长/mm	宽/mm	高/mm
A	5	33	64	64	50±1
B	9	33	64	64	50±1
REF1	0	33	64	64	50±1
C	5	45	78	78	62±1
D	9	45	78	78	62±1
REF2	0	45	78	78	62±1

为分析中间板对双层夹芯结构弯曲性能的影响，分别制备中间层厚度为 5mm 和 9mm 的两种三点弯曲试件，如图 4-47 所示。芯子直径固定为 6mm，倾斜角度为 45°，上、下面板的厚度为 9mm，具体试件尺寸设计如表 4-26 所示。

图 4-47 双层点阵结构弯曲试件

a. SA 试件；b. SB 试件

表 4-26 双层点阵夹芯结构弯曲试件尺寸

样本	中间面板厚度/mm	长度/mm	宽度/mm	高度/mm
SA	5	295±3	120	62±1
SB	9	304±3	120	62±1

4.4.2 平压性能分析

图 4-48 描绘了试件 B 的荷载-位移曲线，曲线有两个峰值，每个峰值对应于一层的失效。由图可知，结构在初次破坏之后仍能保留一部分结构的稳定性，可

以继续接受载荷的作用,此种结构稳定性很强。试件 B 的破坏过程如图 4-49 所示。在加载初始阶段,由于夹层板制造过程中不可避免的缺陷,试件表面达不到绝对的光滑平整,载荷-位移曲线呈现非线性阶段。然后,随着 AB 段位移的增加,曲线呈线性变化,上层夹芯结构开始弹性变形,载荷传递到下一层。随着载荷的增加,上层夹芯结构出现塑性变形,曲线达到峰值荷载 P_1 点,芯子出现压溃失效,破坏部位主要集中在桦木芯子端部。由于各个芯子出现的形变程度并不完全一致,中间板出现倾斜,并且上层夹芯结构出现压溃变形。同时,下层夹芯结构发生弹性变形。到达第一个峰值后,负载有所下降,然后曲线继续上升并达到第二个峰值 P_2 点。随着载荷的增加,下层夹芯结构出现形变,上层夹芯结构的破坏进一步加剧,发生致密化变形。随着位移的增大,下层压杆也发生了压溃。当两层都出现压溃失效时,由于密实化,整个结构的承载能力增加。试件 B 的荷载-位移曲线呈上升趋势,如图 4-48 所示。这种现象与多层不锈钢夹芯板失效过程类似(王静,2012)。中间层在一定程度上延缓了圆棒榫的形变,提高了结构的抗压能力。

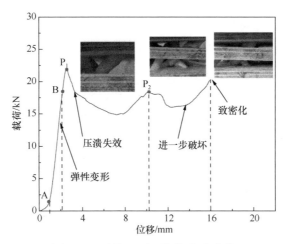

图 4-48　试件 B 平压载荷-位移曲线

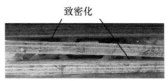

图 4-49　试件 B 的失效变形过程

双层点阵夹芯结构应力-应变曲线如图 4-50 所示。到达第一个应力峰值后,单层结构(REF1,REF2)的承载力急剧下降,表明芯子出现破坏失效,结构失效后，抵抗外加载荷的能力迅速降低。双层结构（试件 A、B、C、D）的应力在达到第一个应力峰值后先是下降，而后又缓慢增加到达第二个峰值，且最大应力值明显大于同尺寸单层结构。

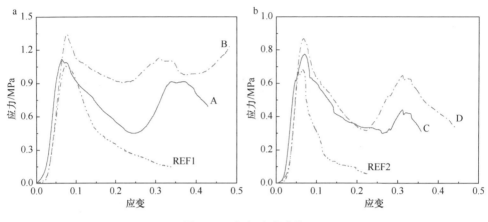

图 4-50　应力-应变曲线

a. h_c=33mm；b. h_c=45mm

轴向压缩过程中，双层夹芯结构没有出现明显的面板失效和节点脱胶现象。单层和双层夹芯结构的失效形式对比如图 4-51 所示。对于单层结构，芯子中间部分的屈曲和根部压溃是主要的失效模式，如图 4-51c 和 f 所示。由于中间面板缩短了芯子的高度，芯子中间部分的屈曲变形受到了限制。对于双层结构试件 A、B、C、D 来说，结构的失效形式基本相同，主要表现为芯子的压溃失效。

图 4-51　夹芯结构的失效模式

a. 试件 A；b. 试件 B；c. 试件 REF1；d. 试件 C；e. 试件 D；f. 试件 REF2

双层点阵夹芯结构的弹性模量和平压强度的试验值与理论值比较如表 4-27 所示。其中，E_{exp}、E_{the}、σ_{exp} 和 σ_{the} 分别代表弹性模量的试验值和理论预测值及平压强度的试验值和理论预测值。随着芯层厚度的增加，弹性模量和平压强度下降。在实际应用中，应根据不同的应用情况，进行芯层高度的设计。对于样本 A、B、REF1、C、D 和 REF2，弹性模量的理论预测值与试验结果的相对误差分别是 1.32%、0.29%、20.37%、19.90%、27.52% 和 18.90%，平压强度的理论预测值与试验结果的相对误差分别是 21.43%、11.48%、30.77%、22.97%、2.25% 和 30%。多数试验结果与理论预测值相符合，一些较大的误差主要是由于木质材料属性的各向异性和试件制备过程中引入的偏差。

表 4-27　弹性模量和平压强度的试验值与理论值比较

试件	E_{exp}/MPa	E_{the}/MPa	预测失效模式	σ_{the}/MPa	试验失效式	σ_{exp}/MPa
A	47.83±4.94				CC	1.12±0.103
B	48.60±3.45	48.46	CB CC	2.56 1.36	CC	1.22±0.197
REF1	40.26±1.03				CB CC	1.04±0.087
C	36.69±3.74				CC	0.74±0.026
D	40.55±4.51	29.39	CB CC	0.92 0.91	CC	0.89±0.038
REF2	36.24±5.40				CB CC	0.70±0.079

注：CC 为芯子压溃失效；CB 为芯子屈曲失效。

中间面板起到了限制芯子中间部分发生屈曲的作用，而且，中间板厚度不同，所起的作用也不同。如图 4-52a 所示，与样本 REF1 相比，样本 A 和 B 的最大强度分别提高了 7.69% 和 17.31%，样本 A 和 B 的弹性模量分别提高了 18.80% 和 20.72%，如图 4-52b 所示，与样本 REF2 相比，样本 C 和 D 的最大强度分别提高了 5.71% 和 27.14%，样本 C 和 D 的弹性模量分别提高了 1.24% 和 11.89%。因此，可以看出，当中间板厚度为 5mm 时，对结构的平压强度和弹性模量影响较小，考虑误差等因素，对实际力学性能的提高帮助不大。中间板为 9mm 时，两种不同芯子高度的情况下，结构的力学性能均有较大提高。

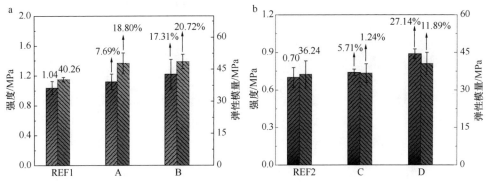

图 4-52　双层夹芯结构的平压力学性能
a. h_c=33mm；b. h_c=45mm

4.4.3　平压吸能特性分析

为了评价夹芯结构能量吸收特性，相关参考文献（San and Lu，2020；Ye et al.，2019）中进行了理论分析。对于结构性材料来说，能量吸收特性是一个重要的研究内容，它可以根据式（4-8）得出。

$$EA(d) = \int_0^{d_m} F(x)dx \qquad (4\text{-}8)$$

式中，$F(x)$ 为平压试验中随位移 x 变化的载荷；d_m 为代表形变的最大有效距离。

比吸能（SEA）是指结构单位质量吸收的能量，可表示为

$$SEA = \frac{EA(d)}{M} \qquad (4\text{-}9)$$

式中，M 为结构的质量。

平均破坏力是经常用来评价结构材料的吸能特性的重要因素，可表示为

$$F_c = \frac{\int_0^{d_m} F(x)dx}{d_m} \qquad (4\text{-}10)$$

图 4-53a 展示了夹芯结构 6 种测试样本的能量吸收值，随着平压位移的增加，能量吸收值线性增加。单层结构 REF1 和 REF2 在平压位移达到 10mm 左右时，结构出现了严重破坏，试验测试终止，而双层结构试件在上层试件失效后，还能继续承载，并在下层也失效后，才达到试验终止条件。因此，双层结构试件 A、B、C、D 的平压位移最大可以达到 18mm，其能量吸收值远大于单层结构 REF1 和 REF2，中间面板的引入对提高夹芯结构的能量吸收起到重要作用。

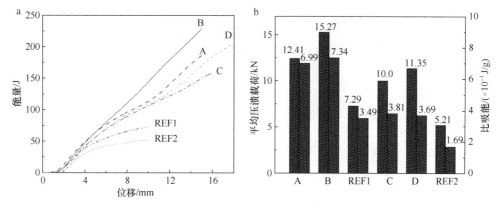

图 4-53　双层夹芯结构的吸能特性
a. 吸能特性；b. 平均破坏力和比吸能

平均破坏力和比吸能特性如图 4-53b 所示。与单层结构 REF1 和 REF2 相比，平均破坏力和比吸能特性大幅度提高。试件 B 的平均破坏力 F_c 值最大，试件 A 和 B 的平均破坏力 F_c 值比单层结构 REF1 分别提高了 70% 和 109%。试件 C 和 D 的平均破坏力 F_c 值比单层结构 REF2 分别提高了 92% 和 118%。双层结构试件 A 和 B 的比吸能特性比单层结构 REF1 提高了 1 倍，与单层结构 REF2 相比，试件 C 和 D 的比吸能特性增加了 125% 和 118%。由此可以得出，双层结构的比吸能特性要优于单层结构，这一点对于结构的安全性来说是特别重要的。夹芯结构主要靠芯子变形吸收能量，但是芯子质量占总质量的比例很小，由于中间板的作用，虽然提高了 EA（d）和 F_c，但同时也加大了结构的整体质量，所以图 4-53 中比吸能比较小，与其他结构相比 SEA 没有体现出优势。可以通过制备轻质、高强的面板来减轻面板质量，提高结构的比吸能。

4.4.4　弯曲性能分析

双层结构的弯曲失效模式如图 4-54 所示，三点弯曲试验过程中，面板和芯子都发生了失效。先是上面板靠近压头附近的面板出现弯曲变形，随着载荷的增加，上层结构芯子弯曲变形，上面板胶合板出现了面板分层，芯子进一步发生压溃失效，弯曲试件的两侧封头出现开胶、断裂，结构被破坏。在加载的过程中，上面板和上层芯子的失效比较严重，中间面板、下面板及第二层芯子变形较小。双层点阵结构相当于缩短了结构的芯层高度，提高了芯子的抗剪能力，结构有较好的稳定性。

弯曲测试结果如表 4-28 所示。应用 3.1.2 节弯曲力学理论分析方法，根据式（3-44）计算三点弯曲芯子的剪切应力，两种结构的芯子剪切应力值基本相等，SA

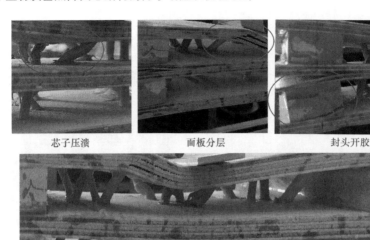

芯子压溃　　　　　　　　面板分层　　　　　　　　封头开胶

图 4-54　双层点阵结构弯曲失效模式

表 4-28　多层点阵夹芯结构三点弯曲试验数据

序号	峰值载荷/kN	芯子剪切应力/MPa	理论挠度值/mm	测试挠度值/mm
SA	9.10±0.24	0.71±0.037	8.11	7.51
SB	8.70±0.47	0.73±0.019	7.81	5.31

型结构的承载力稍大于 SB 型结构，考虑测试数据的误差，两种结构的承载力相差不大，说明双层结构中间面板的厚度变化对弯曲力学性能影响不大。根据式（3-22）计算三点弯曲的理论挠度值，对测试挠度值与理论计算值比较，可以发现试验得到的挠度值均小于理论值，且 SB 型结构的挠度值比 SA 型结构小 29.29%，说明中间板较厚的夹芯结构，在受到弯曲载荷作用时，结构的形变更小一些。双层夹芯结构的中间面板对于限制夹芯结构的形变起到一定作用。

　　双层结构的中间板限制了芯子的形变，结构整体的承载力得到提高，与 4.2 节的单层结构三点弯曲结果相比，SA 样本的峰值载荷为 9.1kN，SB 样本的峰值载荷为 8.7kN，比 D 试件（峰值载荷 7.46kN）分别提高了 21.98% 和 16.62%。SA 和 SB 结构芯子的抗剪切能力均比 D 试件提高约 20%，如图 4-55 所示。这说明中间板的作用在一定程度上能够提高芯子的抗剪能力，且两种不同厚度中间板的影响程度相似。今后的研究中，应提高结构的制备精度，减少制备误差对弯曲性能带来的影响，探索合适的中间板厚度，进一步进行双层木质基点阵夹芯结构的力学性能研究。

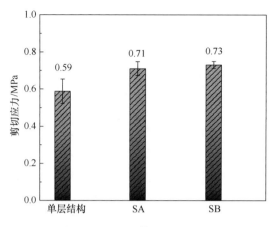

图 4-55　芯子剪切应力比较

4.5　木质基点阵夹芯结构平压承载性能对比

几种木质基点阵夹芯结构单胞元最大承载力和载荷质量比如表 4-29 所示。混合型结构 HB 的单胞元最大承载力和载荷质量比达到最大值，分别为 23.33kN 和 280.94N/g，其承载力约为其他构型的 2 倍左右，与金字塔 PA-2 型、金字塔 PB 型、改进型 A8、改进型 B8 试件相比，其载荷质量比分别高出 191.13%、320.82%、52.49%、122.05%。由于双层结构的芯子直径为 6mm，比其他结构的芯子细 2mm，其单胞元最大承载力在 5kN 左右，远小于其他点阵结构。由前面的分析可知，双层结构相比于相同芯子直径的单层结构，其平压强度和弹性模量均有提升，但由于中间板的设置，增加了胞元的质量，不利于结构的轻质特性，结构的载荷质量比没有表现出优势。双层点阵夹芯的结构的优势在于其更强的吸能特点，其平均破坏力和比吸能特点远大于同尺寸单层结构，因此可应用于对抗震性要求较高的情况。在实际应用中，还要综合考虑各方面的性能。

表 4-29　几种木质基点阵夹芯结构承载力性能对比

试件	单胞元最大承载力/kN	单胞元质量/g	载荷质量比/（N/g）
金字塔 PA-2	8.48	87.88	96.5
金字塔 PB	10.50	157.29	66.76
改进型 A8	9.40	51.05	184.23
改进型 B8	9.78	77.33	126.52
混合型 JC	20.12	90.63	222
混合型 HB	23.33	83.06	280.94
双层结构 B	5	69.19	72.23
双层结构 D	5.39	102.36	52.70

第5章　木质基点阵夹芯结构的有限元仿真研究

5.1　有限元仿真的基本方法

随着计算机技术的飞速发展，采用仿真方法进行力学性能分析已成为工程研究中的重要手段。与试验测试相比较，仿真方法具有省时、省力、节约成本等优点，且在仿真过程中，可以得到试验方法不易获取的数据，如应力、应变的分布等。本书采用 ABAQUS 仿真软件，建立生物质基点阵夹芯结构的仿真模型，进行其力学性能的分析，仿真流程如图 5-1 所示。

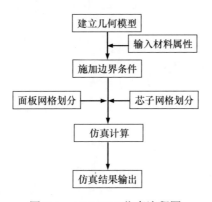

图 5-1　ABAQUS 仿真流程图

5.2　金字塔型结构平压力学性能仿真模型

5.2.1　仿真模型的建立

依据 PA-1 和 PA-2 试件的结构参数构建仿真模型，具体尺寸参数详见表 4-1，材料属性参见 2.3.1 节落叶松和桦木的材料属性。对面板和芯子均进行几何拆分，采用 C3D8R（八结点线性六面体单元）进行划分，设置近似全局尺寸为 2.5、芯子近似全局尺寸为 1、面板和芯子的最大偏离因子均为 0.05、最小尺寸占全局尺寸比例均为 0.1。以 PA-2 型夹芯结构为例，上面板各层网格数量分别为 8286、7671、7266；下面板网格数量分别为 5016、4713、5850，芯子网格数量为 7728。仿真模型如图 5-2 所示。

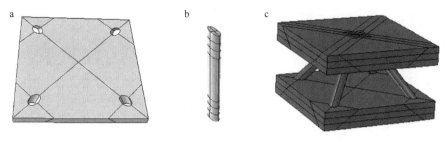

图 5-2　仿真装配示意图

a. 面板几何拆分示意图；b. 芯子几何拆分示意图；c. 结构装配图

在点阵夹芯结构承受平压载荷的过程中，对其弹性变形阶段进行有限元仿真计算。为了简化计算，假设面板和胶接区域对夹芯结构的强度和刚度没有影响。芯子与面板是绑定约束，面板为主表面，芯子为从表面，上、下面板在 x、z 轴方向为完全约束，在 z 轴方向为自由。结构上表面与参考点之间采用耦合约束。结构下表面采用完全固定约束，参考点采用 z 向位移加载。仿真时，通过设定参考点沿 z 轴下降的位移，完成仿真计算。芯子受力过程中的本构方程式如下（陈志勇等，2011）：

$$
\begin{bmatrix} \sigma_{11} \\ \sigma_{22} \\ \sigma_{33} \\ \sigma_{12} \\ \sigma_{23} \\ \sigma_{31} \end{bmatrix} = \begin{bmatrix} D_{1111} & D_{1122} & D_{1133} & 0 & 0 & 0 \\ D_{1122} & D_{2222} & D_{2233} & 0 & 0 & 0 \\ D_{1133} & D_{2233} & D_{3333} & 0 & 0 & 0 \\ 0 & 0 & 0 & D_{1212} & 0 & 0 \\ 0 & 0 & 0 & 0 & D_{2323} & 0 \\ 0 & 0 & 0 & 0 & 0 & D_{3131} \end{bmatrix} \begin{bmatrix} \varepsilon_{11} \\ \varepsilon_{22} \\ \varepsilon_{33} \\ \varepsilon_{12} \\ \varepsilon_{23} \\ \varepsilon_{31} \end{bmatrix} \tag{5-1}
$$

式中，$D_{1111} = E_1 \left(1 - \mu_{23}\mu_{32} \right) Y$，$D_{2222} = E_2 \left(1 - \mu_{13}\mu_{31} \right) Y$，$D_{3333} = E_3 \left(1 - \mu_{12}\mu_{21} \right) Y$，$D_{1122} = E_1 \left(\mu_{21} + \mu_{31}\mu_{23} \right) Y$，$D_{2233} = E_2 \left(\mu_{32} + \mu_{12}\mu_{31} \right) Y$，$D_{1212} = 2G_{12}$，$D_{3131} = 2G_{31}$，$D_{2323} = 2G_{23}$，$Y = \left(1 - \mu_{12}\mu_{21} - \mu_{23}\mu_{32} - \mu_{31}\mu_{13} - 2\mu_{21}\mu_{32}\mu_{13} \right)^{-1}$，$E_1$、$E_2$、$E_3$ 分别代表木材 L、T、R——正交各向异性材料的三个方向，G_{12}、G_{31}、G_{23} 分别代表木材 L-T、L-R、T-R 三个平面的剪切模量，μ_{ij} 为泊松比，可根据马克斯韦尔定理（张少实和庄苗，2013；张飞，2013），计算得到 σ_{ij} 和 ε_{ij} 对应为应力和应变分量。

5.2.2　仿真试验结果

由试验结果可知，PA-2 型夹芯结构在承受压缩载荷时，弹性阶段沿 z 轴的最大位移为 0.63mm，夹芯结构的受力云图如图 5-3 所示。平压试验开始时，面板和四个芯子同时承受向下的载荷，随着加载位移的增加，载荷沿着芯子顺纹方向传递。芯子首先出现弯曲变形，然后，在芯子与面板交界处可以看到芯子的屈曲和剪切失效。仿真中芯子最大应力点位于芯子与上、下面板连接处附近，通常位于上半部分的左侧、下半部分的右侧，与平压测试中看到的芯子发生压溃失效的部位基本一致。在整个加载过程中，仿真模拟测试没有看到面板的失效。

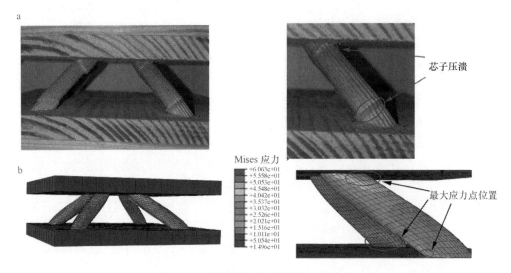

图 5-3 平压载荷下夹芯结构失效模式

a. 试验失效模式；b. 仿真应力云图。Mises 应力的数值中，第一个"+"表示应力的方向，"e+01"表示 10^1

在平压弹性变形阶段，PA-2 型夹芯结构的载荷-位移曲线如图 5-4 所示。由于试件制备时产生的误差，测试结果有非线性区的存在，导致试验测试结果与仿真结果有一定差异，但是曲线的斜率非常接近。随着形变位移的增加，弹性阶段的承载力迅速上升。仿真结果可以用于结构力学性能的分析和优化设计。

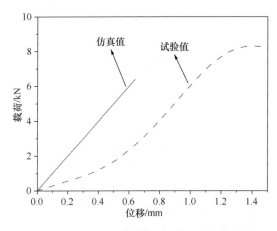

图 5-4 PA-2 型夹芯结构平压载荷-位移曲线

对于 PA-1、PA-2 型夹芯结构，随着芯子厚度的增加，抗压弹性模量的试验值与仿真值都下降，如表 5-1 所示。弹性模量的仿真值分别为 41.05MPa 和 34.47MPa，稍大于试验值，仿真值与试验值的误差分别为 3.81%和 15.59%，试验结果与理论分析和仿真计算的结果基本一致。PA-1、PA-2 型夹芯结构的应力仿真值分别为 1.37MPa 和 0.78MPa，仿真值与试验值的误差分别是 8.73%和 8.33%，误差值在合理范围内，说明仿真建模方法可以为木质基点阵结构的参数设计提供有效支撑。

表 5-1 试验值与仿真值比较

试件	弹性模量试验值/MPa	弹性模量仿真值/MPa	误差/%	弹性阶段应力试验值/MPa	应力仿真值/MPa	误差/%
PA-1	39.54±2.70	41.05	3.81	1.26±0.12	1.37	8.73
PA-2	29.82±1.64	34.47	15.59	0.72±0.03	0.78	8.33

5.3 改进金字塔型结构平压力学性能仿真模型

为了更好地评价改进金字塔型夹芯结构的压缩力学性能，采用 ABAQUS 软件进行平压仿真分析。考虑到在平压过程中，芯子是承载力的主体，面板没有发生破坏失效，因此，假定面板在弹性阶段近似为各向同性材料，桦木芯子采用各向异性材料，2 种材料属性分别参考 2.3.1 节桦木胶合板和桦木的材料属性。5.2.1 节中虽然建立了桦木榫仿真模型的材料属性，但对于材料的塑性阶段，没有进行属性赋值，所以只能在弹性变形阶段进行仿真，本节根据桦木圆榫的轴向压缩测试，得到芯子破坏后塑性阶段的应力-应变属性，如表 5-2 所示。在仿真软件中建立桦木各向异性材料属性，在弹性阶段和塑性阶段分别进行属性赋值。仿真结果可以测得结构的失效载荷，更有利于对模型力学性能的研究。

表 5-2 桦木圆棒榫塑性阶段应力-应变属性

序号	应力/MPa	应变
1	25.80230	0
2	29.47770	0.00028
3	32.90380	0.00090
4	36.11129	0.00155
5	39.22280	0.00200
6	42.23380	0.00259
7	45.01420	0.00401
8	47.44917	0.00654
9	49.65150	0.00941

续表

序号	应力/MPa	应变
10	51.58248	0.01431
11	53.26800	0.02104
12	54.95352	0.03360
13	56.85669	0.05517
14	59.10251	0.08553
15	62.08755	0.12867
16	65.78986	0.18206
17	67.61272	0.20567
18	81.29948	0.38555

建立仿真模型时，采用几何拆分方法，面板和芯子作为一个整体采用 C3D8R 分网，面板和芯子均由三层构成，在面板和芯子内部层之间采用绑定约束，给上、下面板赋予胶合板材料的属性，芯子赋予桦木材料属性，B5、B6、B8 型试件的网格数量分别为 30 914 个、26 606 个和 21 978 个。在上面板上方创建一个参考点，用于施加向下的位移，下面板固定。参考点和下面板之间采用耦合约束，各部分仿真模型如图 5-5 所示。

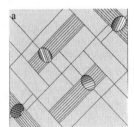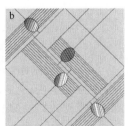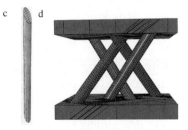

图 5-5　改进型金字塔结构仿真模型
a. 上面板；b. 下面板；c. 芯子；d. 单胞元

图 5-6a、b 展示了 B6 型试件四胞元点阵结构和压缩变形图，B5 和 B6 型试件仿真值、试验值和理论值的载荷-位移曲线如图 5-6c、d 所示，图中显示了平压测试在达到最大载荷时的曲线部分。结果表明：有限元计算结果与试验结果非常接近，在相同位移下，有限元模型的最大载荷与理论值和试验值基本一致，由于理论分析是在理想条件下进行，所以理论的峰值载荷高于模拟和试验结果。

试验测试值和仿真模拟值如表 5-3 所示，除了 B5 型结构的仿真弹性模量值为 25.24%，其他参数的仿真与试验值的误差均在 20% 以下，验证了有限元仿真模型的有效性。误差产生的原因可能有以下两个方面：一方面是制备过程中由于尺寸精度等造成的；另一方面是由于木材的自身各向异性的属性，一批制备的试件，

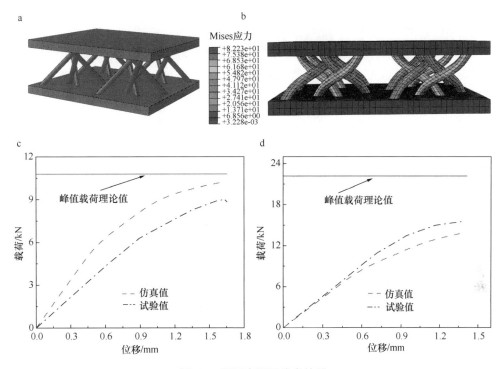

图 5-6　平压有限元仿真结果

a. B6 仿真模型；b. B6 仿真应力模型云图；c. B5 载荷-位移曲线；d. B6 载荷-位移曲线

表 5-3　弹性模量和平压强度的试验值与仿真值比较

样本	弹性模量试验值/MPa	弹性模量仿真值/MPa	误差/%	平压强度试验值/MPa	平压强度仿真值/MPa	误差/%
B5	16.60±0.75	20.79	25.24	0.39±0.058	0.43	10.26
B6	36.24±5.40	37.13	2.46	0.70±0.079	0.56	20
B8	64.47±0.87	72.78	12.89	1.53±0.042	1.64	7.19

材料属性可能会有不同，而仿真中输入的材料性能是固定不变的。因此，有限元方法可以为木结构优化设计提供有效的支持。

5.4　改进金字塔型结构侧压力学性能仿真模型

为了深入研究夹芯结构的力学性能，与 5.3 节类似，建立夹芯结构的侧压仿真模型，首先建立单胞模型，然后沿 x、y 轴方向复制单胞，形成多胞元侧压仿真模型，并在模型两端添加封头，限制模型在侧向受压时发生扭转和水平变形，如图 5-7 所示。

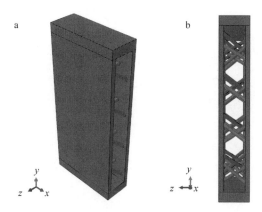

图 5-7　侧压仿真模型图
a. 侧视图；b. 正视图

　　侧压载荷下，B5 型夹芯结构仿真失效结果如图 5-8 所示，失效模式与试验结果有一些差异，面板呈现出皱曲变形，芯子结构无明显失效，夹芯结构的上、下两端面，表现为最大受力点，B6、B8 型夹芯结构仿真失效模式与 B5 型类似。

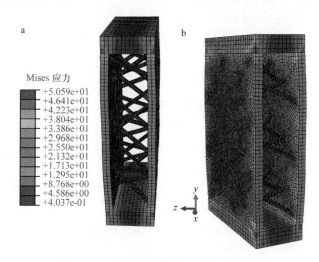

图 5-8　B5 型夹芯结构侧压仿真受力云图
a. 正视图；b. 侧视图

　　仿真与试验载荷-位移对比曲线如图 5-9 所示，试验值与仿真值接近，B5 型结构最大载荷的仿真值与试验值误差较大，达到 23.43%，B6 与 B8 型结构最大载荷试验值与仿真值接近，其误差分别为 1.22% 和 10.75%。这说明仿真模型在一定程度上可以用来研究结构的侧压性能，进一步可通过改变网格大小和材料属性设置等方法减小仿真误差。

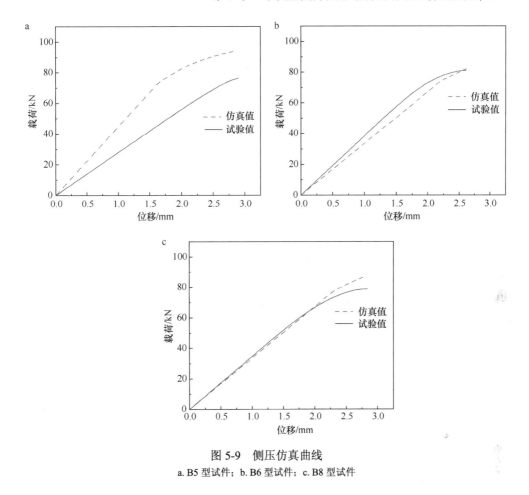

图 5-9　侧压仿真曲线
a. B5 型试件；b. B6 型试件；c. B8 型试件

5.5　混合金字塔型结构平压力学性能仿真模型

为进一步研究混合型夹芯结构的力学性能，选取"改进型+直柱型" HA、HB 试件进行 ABAQUS 仿真建模。为了提高有限元模型仿真计算时的效率，这里采用面板和芯子一体化建模的方法，面板和芯子分别赋予桦木胶合板和桦木材料属性。芯子和面板的粘接通过"Tie"约束来定义。由于混合结构芯子有 5 个方向，这里需为各方向圆木榫及面板建立基准坐标系，如仿真部件图 5-10 所示。

HA、HB 型试件均采用 C3D8R（八结点线性六面体单元）分网。HA 型试件，近似全局尺寸为 2，曲率最大偏离因子为 0.1，最小尺寸占全局尺寸的比例为 0.1，各部分网格数量为上面板 42 920、芯层 15 873、下面板 42 245。HB 型试件，参数设置与 HA 型样本相同，各部分网格数量为上面板 48 920、芯层 30 054、下面板 48 055，仿真计算时，为加快运算速度，分析步设置为 0.1。

图 5-10　试件 HA 平压仿真模型图

在上面板上方设立参考点，采用位移加载的形式模拟平压试验，参考点沿 z 轴下降，根据不同模型，确立向下施加的具体位移数值，根据试验测试结果，HA 试件仿真时向下位移 1.8mm，HB 试件仿真时向下位移 1.5mm。混合结构下面板定义为固支边界条件，保持不动。HA 型混合结构，斜柱型芯子末端和直柱型芯子在压缩过程中承受较大应力，表现出红色，如图 5-11 所示。

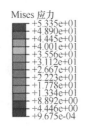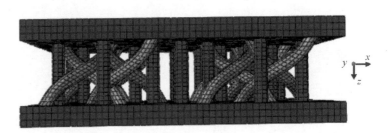

图 5-11　试件 HA 平压仿真应力云图

HA、HB 型试件的仿真计算与试验测试的载荷-位移比较结果如图 5-12 所示。由于试件制备误差，造成载荷-位移曲线的初始位置有一定的非线性区，试验值与

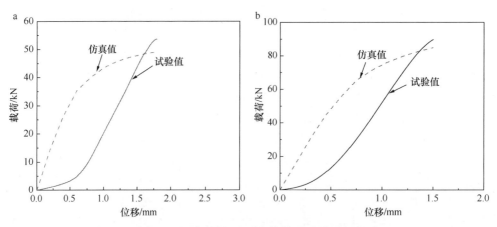

图 5-12　仿真计算与试验的载荷-位移曲线比较
a. HA 型试件；b. HB 型试件

仿真值的曲线斜率比较接近，试验测得的最大承载力稍大于仿真结果，具体数据如表 5-4 所示。HA、HB 型试件的弹性模量仿真值分别是 116.79MPa 和 203.86MPa，与试验结果相比较，误差分别为 25.04%和 1.43%。HA、HB 型试件的平压强度仿真值分别为 2.02MPa 和 3MPa，与试验结果相比较，误差分别为 18.88%和 11.50%。结果表明，试验值与仿真值有一定差异，主要来源于仿真建模时，对构型进行了简化处理，对仿真结果产生了影响。同时，仿真输入的材料属性可能与芯子的实际属性有偏差且试件的表面不完全平整，造成部分数据误差达到 25%，但总体误差仍保持在 30%以内，可以使用仿真模型进行混合夹芯结构的设计与力学性能的模拟。通过改变仿真软件中的近似全局尺寸和分网网格数，可以得到更接近测试结果的仿真数据。

表 5-4　试验值与仿真值比较

试件	弹性模量试验值/MPa	弹性模量仿真值/MPa	误差/%	强度试验值/MPa	强度仿真值/MPa	误差/%
HA	155.81±34	116.79	25.04	2.49±0.16	2.02	18.88
HB	200.98±11.17	203.86	1.43	3.39±0.03	3	11.50

5.6　双层点阵夹芯结构平压力学性能仿真模型

根据双层点阵夹芯结构 A、B、C、D 试件的性能特点，中间板为 9mm 的双层结构，平压强度和弹性模量增长明显，选取试件 B 和 D 进行仿真建模。为简化建模过程，这里采用面板和芯子一体化建模的方法，将整个部件拆分成 5 部分，即上面板、上层芯子、中间板、下层芯子和下面板。面板和芯子分别赋予胶合板和桦木材料属性，仿真模型如图 5-13 所示。

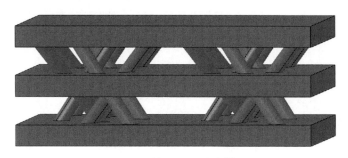

图 5-13　试件 D 平压仿真模型图

D 型试件，建模方法采用 C3D10（十结点二次四面体单元）分网，近似全局尺寸为 9，曲率最大偏离因子为 0.1，最小尺寸占全局尺寸的比例为 0.1，各部分网格数量为上面板 12 524、上层芯子 2037、中间板 57 287、下层芯子 1459、下面板 10 689。B 型样本，同样采用 C3D10 分网建模方法，近似全局尺寸为 6.4，各部分网格数量为上面板 11 002、上层芯子 3565、中间板 40 735、下层芯子 1489、下面板 11 143。B 型样本的其他参数设置与 D 型样本相同。

仿真计算时，在上面板上方创建参考点，设置其与上表面为"耦合"约束，类型为"运动"，下面板的下表面选择完全固定方式，上、中、下的 4 个外表面边界选择 x、y 轴方向为完全约束，在 z 轴方向为自由。采用位移加载的形式模拟平压试验，参考点沿 z 轴下降，根据不同模型，确立向下施加的具体位移数值，B/D 型双层结构平压仿真失效形式、位置与试验结果相似，芯子根部呈现出最大应力，如图 5-14 所示。根据试验结果，B 试件仿真时向下位移 2.12mm，D 试件仿真时向下位移 1.64mm。

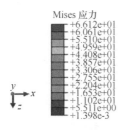

图 5-14　试件 D 平压仿真应力云图

D 型试件的仿真计算与试验测试的载荷-位移比较结果如图 5-15 所示。在弹性变形区，两者曲线比较接近，在达到最大位移时，试验值稍高于仿真值，具体数据如表 5-5 所示。B 和 D 型试件的弹性模量仿真值分别是 51.74MPa 和 44.65MPa，与试验结果相比较，分别高出 6.46%和 10.11%。B 和 D 型试件的平压强度仿真值分别是 0.85MPa 和 0.66MPa，与试验结果相比较，分别降低了 30.33%和 25.84%。

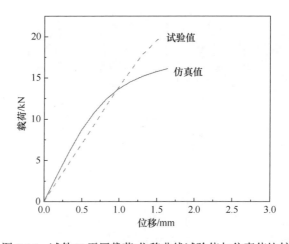

图 5-15　试件 D 平压载荷-位移曲线试验值与仿真值比较

表 5-5　双层夹芯结构平压试验值与仿真值比较

试件	弹性模量试验值/MPa	弹性模量仿真值/MPa	误差/%	强度试验值/MPa	强度仿真值/MPa	误差/%
B	48.60±3.45	51.74	6.46	1.22±0.197	0.85	30.33
D	40.55±4.51	44.65	10.11	0.89±0.038	0.66	25.84

结果表明：在弹性区，试验值与仿真值非常接近，而在塑性区有一定差异，但总体误差大约保持在 30%以内，仿真模型可以用来进行试验参数的设计与力学性能的模拟。分析误差产生的原因，一方面来自于材料的属性，试验的材料属性与仿真输入的材料属性会有偏差；另一方面，仿真建模时，对构型的简化导致结构的最终抗压载荷小于试验值。

几种构型的木质基点阵结构的仿真结果说明，由于木质材料的各向异性等特殊属性，仿真值与试验值有一定误差，但差值约在 30%以内，可以通过设置材料属性和仿真参数进一步降低误差，并将仿真应用于木质基点阵夹芯结构的设计中。

第 6 章　黄麻纤维束增强环氧树脂基菱形点阵夹芯结构平压力学性能研究

在生物质资源的合理利用上，传统的做法集中在对材料本身性能的改进。本章在原材料性能的考量基础上，进行了材料与结构的合理设计，并对结构在平压下的力学性能进行了测试。首先，着重于对黄麻纤维束增强环氧树脂基菱形结构力学性能的研究，并引入棉纤维及尼龙纤维作为参考变量，从原材料角度深入分析界面结合状况对结构力学性能及失效模式的影响；其次，建立了黄麻纤维束增强环氧树脂基菱形结构的理论模型，并对理论模型的有效性进行验证；最后，从结构设计的角度出发，对现有的黄麻纤维束增强环氧树脂基菱形拓扑结构进行优化设计，探讨黄麻纤维束增强环氧树脂基复合材料潜在的工程应用价值。

6.1　菱形点阵夹芯结构设计

在点阵结构力学性能的研究上，原材料的基础性能对其结构的破坏模式和结构的承载能力都有很大的影响。为了准确阐述这种变量对结构力学性能的影响，在试验的最初阶段采用控制变量法，以相同的工艺（详见 2.4.2 节中黄麻纤维束增强环氧树脂基菱形结构的制备）制作尺寸相同、相对密度相同、构型相同的黄麻纤维增环氧树脂基（以下简称为 JB）、棉纤维增强环氧树脂基（CB）及尼龙纤维增强环氧树脂基（NB）点阵结构各 5 个，其结构设计如图 6-1 所示。具体设计参数如表 6-1 所示。

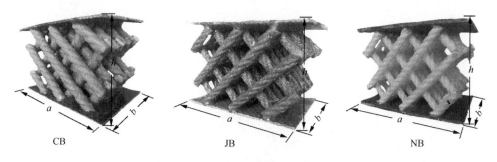

图 6-1　三种材料成型的菱形夹芯结构设计

a. 代表试件的宽度；*b.* 代表试件的长度；*h.* 代表试件的高度

表 6-1 三种材料所成型菱形夹芯结构的尺寸设计

试件	杆件直径 d/mm	单胞长度 l/mm	试件尺寸（$a×b×h$）	纵横比（$A=a/h$）	相对密度（$\bar{\rho}$）
CB	6	18	90×60×53	1.64	0.26
JB	6	18	90×60×53	1.64	0.26
NB	6	18	90×60×53	1.64	0.26

从材料角度阐述点阵结构的破坏机理及性能差异的分析在点阵结构领域研究较少，且大部分都集中在对原材料的性能进行力学测试，并未从材料角度给予点阵结构性能提升的主要依据；本节从原材料界面结合状况进行分析，并进一步探讨结构的平压性能和失效模式变化。

6.2 菱形点阵夹芯结构平压力学性能

6.2.1 理论分析

对点阵结构相关理论模型的建立是结构尺寸设计时的重要依据，更是预测结构性能及失效模式的有效手段。相对密度的设计是结构设计时不可忽略的重要因素，其取值往往与结构的尺寸、构型等参数相关。黄麻纤维束增强环氧树脂基二维点阵结构如图 6-2 所示，其相对密度 $\bar{\rho}$ 的推导可按式（6-1）进行：

$$\bar{\rho} = \frac{\pi}{4\sin 2\omega}\left(\frac{d}{l}\right)$$

（6-1）

式中，ω 为倾斜杆件与水平线间的夹角（°）；d 为单胞内杆件的直径（mm）；l 为单胞内相对杆件中心间的距离（mm）。

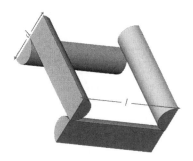

图 6-2 JB 型菱形拓扑结构单胞构型图
d 为单胞内杆件的直径，l 为单胞内相对杆件中心间的距离

传统工艺制成的点阵结构，其平压公式的推导往往基于等效芯子模型，即将整个结构的受力等效于单个胞元的受力，进行理论模型的建立。而对于本部分制作成型的菱形结构，在采用上述模型后往往误差较大，不能适用。本节在参考

Zupan 等（2004）的理论后，采用对整体结构进行受力分析的方法，并结合应变能等效理论完成公式的推导，如图 6-3 所示。

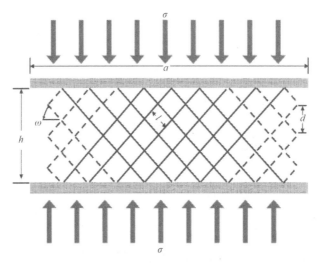

图 6-3　菱形拓扑结构受力分析图

图中实线部分的杆件与两端面板都相连，虚线部分的杆件，只与面板的一段相连。σ 代表应力，d 为单胞内杆件的直径，l 为单胞内相对杆件中心间的距离，a 代表试件的宽度，h 代表试件的高度，ω 为倾斜杆件与水平线间的夹角

假定实线部分的杆件具有承载能力，忽略掉虚线部分杆件的承载能力，则建立一层宽度为 $2d$ 的芯子，其具有 N 个承载力杆件的弹性应变能计算公式为

$$\frac{1}{2}\frac{\sigma^2}{E}2dah = \frac{1}{8}\frac{\sigma_f^2}{E_s}N\pi d^2\frac{h}{\sin\omega} \tag{6-2}$$

式中，E 为杆件此时整体的压缩模量（MPa）；E_s 为原材料的弹性模量（MPa）。

具有承载力的杆件数目 N 可由式（6-3）求得：

$$N = \frac{(a - h/\tan\omega)}{l\cos\omega} \tag{6-3}$$

根据结构受力平衡可以建立面外应力 σ 与单根杆件应力 σ_f 之间的关系：

$$\sigma = N\frac{\sigma_f\pi d^2\sin\omega}{8da} \tag{6-4}$$

再将式（6-3）、式（6-4）代入式（6-2）得到式（6-5）：

$$\frac{E}{E_s} = \frac{\pi}{8}(\frac{d}{l})(1 - \frac{1}{A\tan\omega})\frac{\sin^3\omega}{\cos\omega} = \bar{\rho}(1 - \frac{1}{A\tan\omega})\sin^4\omega = \bar{\rho}T \tag{6-5}$$

式中，$A = a/h$ 为结构的纵横比；T 为平压模量的拓扑系数，用来衡量不同结构间的承载效率。

将式（6-3）代入式（6-4）中，可得出结构极限应力与杆件极限应力之间的关系：

$$\frac{\sigma}{\sigma_f} = \frac{\pi}{8}\left(\frac{d}{l}\right)\left(1 - \frac{1}{A\tan\omega}\right)\tan\omega = \overline{\rho}\left(1 - \frac{1}{A\tan\omega}\right)\sin^2\omega = \overline{\rho}T_s \qquad (6\text{-}6)$$

式中，T_s 为平压强度的拓扑系数。

结合材料平压的平压力学性能是与其破坏模式有关的，当结构的破坏模式以杆件的屈服发生时，有：

$$\sigma_f = \sigma_y \qquad (6\text{-}7)$$

式中，σ_y 代表杆件原材料的屈服强度。

当结构的破坏模式是以杆件的非弹性屈曲导致破坏时，有：

$$\sigma_f = \frac{k^2\pi^2 E_t d^2}{16l^2} = \sigma^f_{cr} \qquad (6\text{-}8)$$

式中，k 为杆件的边界条件。

当结构的破坏模式以杆件的弹性屈曲主导时：

$$\sigma_f = \frac{k^2\pi^2 E_s d^2}{16l^2} = \sigma_{cr} \qquad (6\text{-}9)$$

结合材料力学的相关知识，单根受压杆件的不同破坏模式与其杆件长细比 λ 有关，对于细长杆件，其失效模式为弹性屈曲失效；对于中长杆件，其失效模式以非弹性屈曲失效；对于短粗杆件，其失效模式以杆件屈服（即断裂的形式）失效。对于横截面为圆形的杆件，其长细比 λ 可根据式（6-10）求得：

$$\lambda = \frac{4kl}{d} \qquad (6\text{-}10)$$

当杆件受力平衡状态处在屈服与非弹性屈曲时，λ 临界值根据式（6-11）求得：

$$\lambda^f_p = \pi\sqrt{\frac{E_t}{\sigma_y}} \qquad (6\text{-}11)$$

当杆件受力平衡状态处在弹性屈曲与非弹性屈曲时，λ 临界值根据式（6-12）求得：

$$\lambda_p = \pi\sqrt{\frac{E_s}{\sigma_p}} \qquad (6\text{-}12)$$

对于黄麻纤维增强环氧树脂菱形拓扑结构（即 ω 的值为定值取 45°），其相对密度 $\overline{\rho}$ 的公式简化为

$$\overline{\rho} = \frac{\pi d}{4l} \qquad (6\text{-}13)$$

将一个单杆的受力等效于各个单胞内单杆的受力，则式（6-10）可由式（6-14）替换：

$$\lambda = \frac{k\pi}{4\overline{\rho}} \tag{6-14}$$

在本节所采用的工艺中，各个节点间通过胶粘的方式进行粘接，可认为是固定节点。k 取 0.5，则式（6-14）可简化为

$$\lambda = \frac{\pi}{2\overline{\rho}} \tag{6-15}$$

进一步完成式（6-11）和式（6-12）的替换，则有式（6-16）和式（6-17）：

$$\overline{\rho}^{f} = \frac{1}{2}\sqrt{\frac{\sigma_y}{E_t}} \tag{6-16}$$

$$\overline{\rho}^{p} = \frac{1}{2}\sqrt{\frac{\sigma_p}{E_s}} \tag{6-17}$$

对于黄麻纤维增强环氧树脂基菱形拓扑结构来说，E_t 为 226.16MPa，σ_f 为 60.23MPa，E_s 为 3002.16MPa，σ_p 为 45.03MPa，将其代入式（6-16）与式（6-17），可得不同失效模式下 $\overline{\rho}$ 的临界值为：

$$\begin{cases} \overline{\rho} > 0.26 & \text{失效模式为杆件断裂} \\ 0.06 \leqslant \overline{\rho} \leqslant 0.26 & \text{失效模式为杆件的非弹性屈曲} \\ \overline{\rho} < 0.06 & \text{失效模式为杆件的弹性屈曲} \end{cases} \tag{6-18}$$

由于制备工艺所限，弹性屈曲模式无法验证，将重点比较非弹性屈曲与杆件屈服两种失效模式。根据式（6-2）的假设，只有当结构具备 N 个承载力的杆件时，理论模型方可建立。对于黄麻纤维增强环氧树脂基菱形拓扑结构来说，ω 为 45°，将其代入到式（6-3）中，得到式（6-19）：

$$N = \frac{2(a-h)}{l} \tag{6-19}$$

当且仅当 $N>0$，即 $a>h$ 时，理论上结构整体才具有效承载能力，在进行设计时务必遵循此原则。

6.2.2 结果与分析

1. 纤维增强材料性能分析

1）SEM 观察

图 6-4 显示了在不同尺度下，对三种材料所成型杆件的横截面的界面观察。

在 50μm 的尺度下，CREC 的界面状况为最优，其纤维的轮廓及外层环氧树脂的轮廓都可以被清晰地识别；其次为 JREC，其纤维轮廓难以识别，但表面大量的环氧树脂聚集却有很明显的形态；NREC 最差，其界面凹凸不平且有大量孔洞出现。在 100μm 的尺度下，同样是 CREC 最好，JREC 中等，NREC 最差。在 CREC 的界面上，纤维的轮廓与环氧树脂的轮廓都可以清晰地观察到；而在 JREC 的界面上，纤维的轮廓很难被识别，其表面裹着大量的环氧树脂层；NREC 界面上的分层状态在 100μm 下可被更清晰地观察到。在 200μm 的尺度下，JREC 中纤维的轮廓变得明显，且一些微小裂纹出现，这些裂纹的存在与环氧树脂在其表面的大量聚集有关；在 CREC 的界面上也观察到了一些微小裂缝，但相较于 JREC 其数量很少；NREC 在 200μm 下显示出了大量环氧树脂层的错落排列，其表面的凹凸不平可很明显地被观察到。

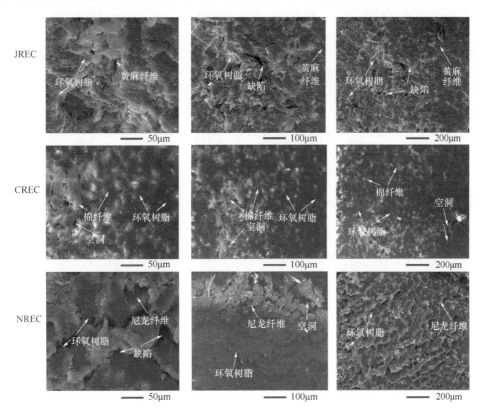

图 6-4　JREC、CREC、NREC 三种材料的 SEM 电镜图

综合三种复合材料在不同尺度下横截面的电镜观察结果，可知 CREC 的效果最好，JREC 次之，而 NREC 最差。

2）FITR 分析

如图 6-5a 所示，未浸渍的黄麻纤维，其主要基团有"—CH"和"—C—O"

两种，而在浸渍完成后的 JREC 内仍只有这两种基团的出现，并未有新基团的诞生。在 JREC 的两相间并未有化学结合的出现，但仔细观察图 6-5a 中未浸渍前与浸渍后的 FITR 曲线，其"—OH"基峰的位置稍有变化，由未浸渍前的 3324cm^{-1} 变为浸渍后的 3353cm^{-1}，且浸渍后峰的宽度相较于未浸渍前也稍有变宽的倾向，这种现象的出现与氢键的形成有关，氢键的出现导致了其峰的位置发生偏移，同时使得峰形变宽。而在图 6-5b 中，这种变化更为明显，在"—OH"基峰出现的地方，未浸渍前的峰形、峰值较浸渍后出现的峰形、峰值都有不同，说明在这两种复合材料的界面上，都有物理键的生成。进一步比对浸渍前后棉纤维的 FITR 图像发现，其同样未有新型基团的产生，主要基团如"—CH"、"—H—O—H"、"—CH$_2$"、"—C—O"在两条线中都有体现。图 6-5c 反映的是尼龙纤维浸渍前后的状态。通过对比发现，浸渍前后既无新基团的产生（反应前后其主要基团："—CH$_2$"、"—CONH"的峰并未发生变化），又无氢键的形成（没有"—OH"峰的出现）。

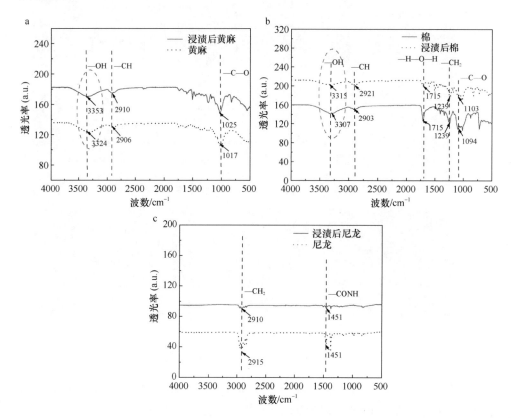

图 6-5　JREC、NREC、CREC 三种材料的 FITR 红外分析图
a. 黄麻；b. 棉；c. 尼龙

3）界面结合状况对纤维增强材料性能的影响

综合 SEM 及 FITR 的分析可知，CREC 的两相界面结合状况最好，其界面上有缺陷出现，且有氢键的生成；其次为 JREC，其两相界面间有部分缺陷的出现及氢键的生成；而 NREC 最差，其两相间既无化学键又无物理键的生成，同时其表面存在着大量空洞等缺陷。对成型后杆件的基本力学性能进行测试，如表 6-2 所示。其中，CREC 的值最高，E_s 为 3200.23MPa、σ_y 为 63.15MPa；JREC 与其相差不大，E_s 为 2830.54MPa，σ_y 为 60.23MPa；NREC 最差，E_s 和 σ_y 分别为 1369.84MPa 和 50.35MPa。CREC 较为良好的性能是由于其界面结合状况良好导致；同样，NREC 的力学性能最差，在承受压缩载荷的过程中，较差的界面结合状况和力学性能导致材料界面内部更易发生破坏。

表 6-2　三种材料所成型杆件性能

材料	弹性模量（E_s）/MPa	屈服强度（σ_y）/MPa	切线模量（E_t）/MPa
CREC	3200.23±20	63.15±3	226.16±3
JREC	2830.54±15	60.23±2	390.54±2
NREC	1369.84±10	50.35±1.5	300.21±1.5

2. 三种材料所成型结构破坏模式的分析

如图 6-1 所示，将 JREC 制作成型的菱形拓扑结构简称为 JB，将 CREC 制作成型的菱形拓扑结构简称为 CB，将 NREC 制作成型的菱形拓扑结构简称为 NB。JB 在平压下的表现相较于 CB 略差，但明显优于 NB。通过图 6-6a 可以看出，JB 的结构最大承载力约为 12 550N，CB 约为 13 780N，NB 最差（约为 4852N）。三者在平压下的载荷-位移图像也呈现出明显差别，在位移为 0～3.8mm 范围内，JB 与 CB 仍处在弹性阶段，而 NB 却在位移约为 1.8mm 处已率先进入了非弹性阶段；结合图 6-6a 中☆1 的位置及图 6-6b 中☆1 的表现来看，此时 JB 部分杆件已发生了弯曲，而 CB 整体变化并不明显（见图 6-6b 的○1）；NB 则发生了整体屈曲，且此时结构已达到最大承载力（见图 6-6b 中的◇1）。JB 与 CB 分别在图 6-6a 中☆2 和○2 的位置达到了最大峰值载荷力，观察图 6-6b 中其相应位置的表现，CB 在达到最大载荷时，有部分杆件在节点处发生了脱落，而 JB 则是部分杆件发生了断裂。通过取下破坏位置的部分试件进行 SEM 观察，可以发现，在达到最大承载力且结构开始破坏时，JB 纵截面的黄麻纤维发生了弯曲，附着在其表面的环氧树脂已有部分开始脱落，其横截面的纤维已在外力的作用下被拉断（图 6-7a）；观察处在峰值载荷时 CB 断面的横截面，棉纤维已经大量的弯曲，期间的环氧树脂已大部分脱落，观察其纵截面的形态，纤维与环氧层间发生了分层，其内部的纤维呈现弯曲态势（图 6-7b）；NB 在达到最大载荷时，其内部尼龙纤维的弯曲状态在横截面及纵截面上都很明显。

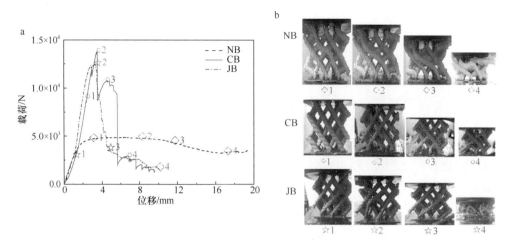

图 6-6　NB、CB、JB 载荷-位移曲线及破坏过程图

a. 载荷-位移曲线；b. 破坏过程

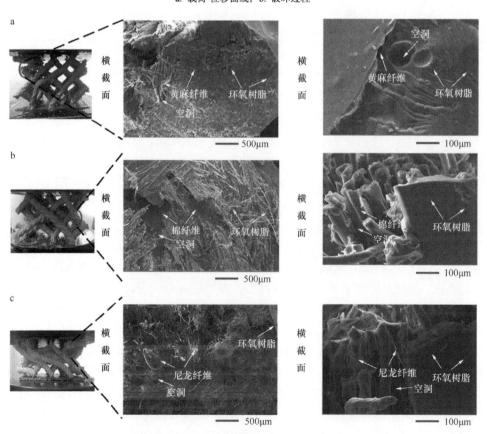

图 6-7　JB、CB、NB 杆件破坏端面 SEM 图

a. JB；b. CB；c. NB

随着载荷的继续施加，三者表现出不同的破坏形态。如图 6-6a 所示，CB 在进入载荷下降阶段后，承载能力急剧下降，在位移 4mm 左右进入载荷上升阶段达到另一个峰值载荷，紧接着曲线进入了垂直下降阶段，在短暂的时间内，其承载能力从 9853N 急剧下降到 1285N，从图 6-6b 的○3、○4 中看到大量杆件的脱落及断裂；JB 在达到最大承载力后的载荷下降阶段中并未有二次峰值的出现，观察图 6-6b 中的☆3，处在边缘的部分杆件发生了脱落，而中间部位的杆件在弯曲后断裂；NB 在达到最大承载后，继续施加压力，其结构整体屈曲的变化更为明显（见图 6-6b 中的◇2、◇3）。在最后阶段，CB、JB 依次丧失承载能力，观察图 6-6b 中的○4，CB 外部的大部分杆件完全脱落，此时 JB 整体完全被压碎，而 NB 在达到最大载荷后，维持了很长一段的平台期。

分析三种结构在平压下的失效过程，界面结合较好的是 CB，其失效模式主要集中在节点的开胶、杆件的脱落；性能次之的是 JB，其失效模式主要为杆件在受压后的断裂；而 NB 则主要是结构整体的屈曲。失效模式的不同，归因于其界面结合状况的差异，CREC 界面结合相对较好，其杆件性能较强，在破坏过程中杆件的承载能力还未达到极限时，节点处便由于性能不足而率先破坏；JREC 界面结合状况中等，其杆件性能中等，在破坏时因杆件性能较差，率先发生了杆件断裂；NREC 由于浸渍效果不理想，其界面结合状况差，杆件整体的强度不够，韧性较强（偏向于尼龙纤维本身的性质），在结构破坏时，整体发生弯曲变形。

3. 三种材料所成型结构的平压性能

在相同的尺寸设计下，CB 的平压强度为 2.71MPa，JB 的平压强度为 2.47MPa，NB 的平压强度为 0.95MPa，如表 6-3 所示。但从结构的比强度性能考虑，CB 的比强度略低于 JB，这是由于 CREC 的界面结合状况要好于 JREC，在同等的纤维体积分数下，其浸渍效果更好，环氧渗透量增多；而 JREC 由于部分环氧树脂停留在表面，在进行材料制作的过程中，会有部分环氧树脂的丧失，导致其表观密度相较于 CREC 更小。关于结构的平压弹性模量，JB 最大（72.95MPa），CB 次之（64.38MPa），NB 最差（41.17MPa），JB 的弹性模量相较于 CB 略高的主要原因在于其失效模式不同，即两相间不同界面结合状况所致，界面结合状况好的 CB 在未达到理想载荷时，节点部位便过早发生了失效，造成其弹性模量的减小。同样，在比刚度上 JB 仍为最好。综合比较三种结构平压下的性能表现，良好的界面结合将导致杆件性能的提升，并可进一步提高结构的最大承载力；同时界面结合状况的变化将导致结构的失效模式由整体的屈曲变为杆件断裂，进而变为节点的失效。

表 6-3 三种材料所成型结构的平压力学性能对比

试件	强度/MPa	弹性模量/MPa	单位体积的能量吸收/J	比强度/（×10³m²/s²）	比刚度/（×10³m²/s²）	比能量吸收/（J/g）
CB	2.71±0.15	64.38±5.23	0.15±0.01	3.01±0.25	71.53±5.41	0.0015
JB	2.47±0.13	72.95±6.14	0.13±0.01	3.08±0.21	91.18±7.03	0.0014
NB	0.95±0.05	41.17±3.27	0.14±0.01	1.36±0.08	44.52±4.05	0.0017

4. 与其他结构的性能对比

在完成了不同材料基点阵结构在平压下性能及失效模式的对比后，将 JB 与部分点阵结构在平压下的比强度性能进行对比。如图 6-8 所示，JB 的存在填补了低密度点阵结构领域的空缺，但在比强度的性能上，JB 仅为 $0\sim10\times10^3 \mathrm{m^2/s^2}$，与木质基点阵结构的性能持平；与碳纤维成型的点阵结构（$40\times10^3\sim60\times10^3\ \mathrm{m^2/s^2}$）和金属基点阵结构（$20\times10^3\sim40\times10^3\mathrm{m^2/s^2}$）相比较仍存在较大差距，比强度具有较大的提升空间。

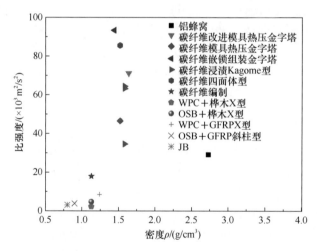

图 6-8 JB 与部分点阵结构在比强度性能上的对比图（李帅，2019；郑腾腾，2019；吴林志等，2012；Lee，2012；Zhang，2012；Li et al.，2011a；Finnegan et al.，2007；袁家军，2004）

6.2.3 相对密度对平压性能的影响

通过公式（6-1）的推导得出相对密度与杆件的直径及长度有关。本文在进行相对密度的设计时，单根杆件直径不变，改变单胞间距 l，共设计了三组实验，每组试件最少 3 个，其具体设计参数如表 6-4 所示。

表 6-4　不同相对密度的黄麻纤维基菱形结构的尺寸

试件	杆件直径 d/mm	单胞间距 l/mm	试件尺寸（长×宽×高）/mm	相对密度	纵横比（长/高）
DA	6	12	90×60×55	0.39	1.64
DB	6	18	90×60×55	0.26	1.64
DC	6	36	90×60×55	0.13	1.64

相对密度为 0.39 的试件 DA 经历了理想的载荷上升阶段后，在位移 2.45mm 处达到峰值载荷，即图 6-9a 中的点 A，此时菱形结构的承载力最大，为 16 622N；观察发现，其中间部分的桁架节点处有杆件断裂，其最外侧桁架的节点处有开胶现象，如图 6-9b 中的字母 A 所示。在达到峰值载荷后，随着位移的进一步加载，曲线进入一段相对平缓的载荷下降阶段，在此过程中伴随杆件断裂、节点开胶、杆件脱落现象的发生，直到位移为 4mm 左右时，结构整体被完全压溃，残余桁架堆叠在一起，如图 6-9b 中的字母 B 所示。

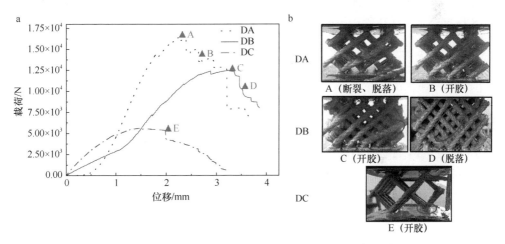

图 6-9　不同相对密度下菱形拓扑结构载荷-位移及失效过程
a. 载荷-位移曲线；b. 失效过程

试件 DB 的载荷-位移曲线与 DA 不同的是其达到最大峰值载荷时所经历的过程较为缓慢，在位移约为 3.5mm 时才真正达到峰值载荷，如图 6-9a 中的字母 C 所示，且在达到峰值载荷前曲线有一段平台期。与 DA 试件相似，其达到最大峰值载荷 12 453N 的同时，伴随着节点开胶、杆件脱落现象的发生，如图 6-9b 中的字母 C 所示。当破坏性区域垂直扩展时，即从图 6-9a 中的点 D 到更深的点，DB 在载荷-位移曲线上经历了阶梯状的下降后被压碎。

如图 6-9a 所示，试件 DC 的载荷-位移曲线与前两者略有不同，在位移约为 3mm 处，结构已经完全丧失承载能力。而在载荷上升的弹性阶段内，其曲线的上升速率也较为平缓；在达到最大峰值载荷前，其曲线存在一段较长的平台期，在此阶段内，位移持续增加而结构的承载能力并未上升；此阶段过后在位移约为 2mm 处，达到了最大峰值载荷，约为 5325N。观察此时结构的破坏，发现其面板与桁架的节点处发生了开胶，如图 6-9b 中的字母 E 所示。随后曲线进入载荷下降阶段，直至最后完全丧失承载能力。

综合比较三种不同相对密度试件的失效模式，对于相对密度处于临界值的 DB 试件，在其达到最大峰值载荷前，其节点处的开胶及载荷-位移曲线平台区域的出现，说明导致结构失效的本质是一种"失稳现象"，但因桁架间节点处的性能不佳，导致在节点处过早地发生了开胶现象。而在相对密度较低的试件 DC（低于临界值）中这些现象更为明显。相对密度较高的试件 DA，虽然在其破坏过程中也有节点开胶、杆件脱落现象的发生，但其发生节点开胶的部位及脱落的杆件实际上并不具备有效承载力，直到位于中间部位的杆件发生了断裂，结构整体承载能力才下降。

根据式（3-37）和式（3-39）对平压强度和弹性模量进行计算得到表 6-5。DA 试件各方面的力学性能都为最好，弹性模量为 141.38MPa，比刚度为 172.41×10³m²/s²，强度为 3.08MPa，比强度为 3.76×10³m²/s²；试件 DB 的弹性模量为 72.95MPa，比刚度为 90.06×10³m²/s²，强度为 2.46MPa，比强度为 3.04×10³m²/s²；而 DC 性能最差，弹性模量为 50.01MPa，比刚度为 62.51×10³m²/s²，其强度为 1.04MPa，比强度为 1.3×10³m²/s²。由以上数据分析可知，相对密度对结构平压性能的影响呈正相关性，当相对密度增加时，其弹性模量、强度、比刚度、比强度均有不同程度的增加。相对密度的增加对其平压性能提升的原因主要有两个方面：在结构受力上，当保证杆件直径不变时，各个单胞内肋条的间距减小，意味着各个单胞内具有承载能力的杆件所占据的体积比例增大，其单胞的承载能力得到提升，进而导致结构在平压下，各方面的力学性均有所提升；在失效模式上，相对密度的增加将导致结构的失效模式由塑性屈曲状态变为杆件屈曲状态，而屈曲现象本质是一种失稳，失稳的存在导致结构在还没有充分承载时，便过早地发生了形变。

表 6-5　不同相对密度的 JR 平压力学性能

试件	弹性模量/MPa	强度/MPa	比刚度/（×10³m²/s²）	比强度/（×10³m²/s²）
DA	141.38±15.72	3.08±0.21	172.41±16.35	3.76±0.27
DB	72.95±12.15	2.46±0.18	90.06±13.27	3.04±0.34
DC	50.01±13.12	1.04±0.23	62.51±14.27	1.3±0.31

根据式（6-18）的结论，当相对密度为 0.06～0.26 时，结构的失效模式是杆件的塑性屈曲，而当相对密度高于 0.26 时，结构的破坏以杆件的断裂形式发生。测试结果表明了 DA 试件及 DC 试件的破坏模式符合理论模型的预测。在平压性能上，根据式（6-5）和式（6-6）的推算，在其他参数不变的情况下，相对密度

的增加将导致平压性能的提升，实际的试验也验证了理论模型在平压性能趋势预测上的有效性。图 6-10 反映了理论值与试验值之间的差距，图中用拓扑系数 T 和 T_s 来衡量这种变化。可以发现曲线并非一条直线而是一条折线，出现这种变化的原因可归结于边界效应的影响。在结构整体设计参数不变的情况下，其相对密度越大，意味着结构整体中材料空白部分的体积减小，单胞数量增加，而单胞数量越多，结构的边界效应带来的影响便越弱。

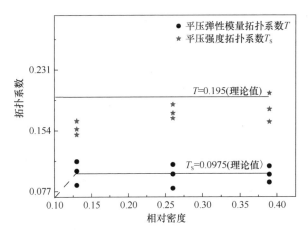

图 6-10　不同相对密度下菱形拓扑结构试验值与理论值的对比图

6.2.4　纵横比对平压性能的影响

根据式（6-5）和式（6-6）的推导，纵横比即 A 的取值同样会对结构弹性模量和强度产生影响。本节通过改变试件整体的高度，设计了三种不同纵横比的试件，即 D1（$A=4.26$）、D2（$A=2.37$）和 D3（$A=1.64$）来研究不同纵横比下，结构平压性能及失效模式的变化，并结合实际的试验对理论模型的有效性进行验证。三种试件的实物模型如图 6-11 所示，其具体尺寸设计如表 6-6 所示，每种试件最少三组。

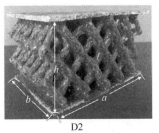
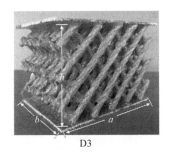

图 6-11　不同纵横比的菱形拓扑结构

表 6-6   不同纵横比的菱形拓扑结构的设计尺寸

试件	杆件直径 D/mm	单胞间距 L/mm	试件尺寸（长×宽×高）/mm	相对密度	纵横比（长/高）
D1	4	12	90×60×21	0.26	4.26
D2	4	12	90×60×38	0.26	2.37
D3	4	12	90×60×55	0.26	1.64

1. 纵横比对失效模式的影响

D1 试件的载荷-位移曲线在位移范围为 0～2.1mm 内经历了弹性上升阶段，而后进入平缓下降阶段。观察图 6-12b 中的字母 A 发现，在达到最大载荷时，最外层杆件发生了弯曲，同时在红圈标记处，杆件发生断裂，表明其主导破坏模式为杆件断裂，在经历屈曲后杆件的断裂导致承载能力的下降。试件最终的破坏也以杆件整体在经历弯曲后被全部压溃导致，如图 6-12b 中的字母 B 所示。

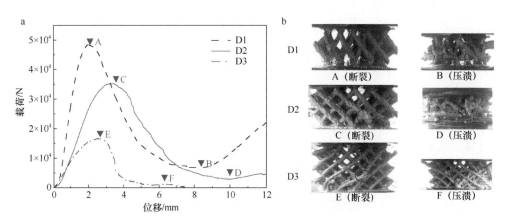

图 6-12   不同纵横比下菱形拓扑结构载荷-位移图像及破坏过程图
a. 载荷-位移曲线；b. 破坏过程

D2 试件经历的弹性阶段要长于 D1 试件，在位移范围 0～3.5mm 内，其都处在弹性阶段。当达到最大载荷时，其破坏模式与 D1 类似，为杆件在经历塑性屈曲后被压溃断裂导致，见图 6-12b 中的字母 C 中的红圈位置。杆件最终的破坏也与 D1 一样，如图 6-12b 中的字母 D 所示。

D3 试件的载荷-位移曲线与前两者并无较大差别，在位移为 0～2.9mm 时处在弹性阶段，而后继续施加载荷，在 2.9mm 处达到最大载荷，观察此时图 6-12b 中的字母 E 可以发现最外层杆件也是在经历弯曲后发生断裂，在达到最大载荷后继续承载，曲线进入下降阶段，直到最后位移约为 7.8mm 处，试件的全部杆件被完全压溃破坏，结构整体丧失承载能力。

综合比较三种试件在达到最大载荷时的失效模式发现，纵横比的增加并不会引起失效模式的改变，即使在达到最大峰值载荷后的载荷下降阶段，结构的表现也极为类似。

2. 纵横比对平压性能的影响

对 D1、D2、D3 试件的平压性能进行计算得到图 6-13。其中，D1 的强度、弹性模量、比强度、比刚度都最高，分别为 8.95MPa、158.54MPa、$11.19×10^3m^2/s^2$、$198.05×10^3m^2/s^2$；其次为 D2，各项值分别为 6.63MPa、123.22MPa、$8.29×10^3m^2/s^2$、$154.02×10^3m^2/s^2$；D3 最差，各项值分别为 3.08MPa、96.96MPa、$3.85×10^3m^2/s^2$、$121.16×10^3m^2/s^2$。

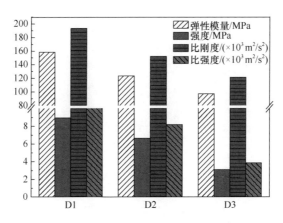

图 6-13　不同纵横比下菱形拓扑结构的性能对比图

其平压性能与其纵横比呈正相关性，当纵横比由 1.64 到 2.37 时，平压弹性模量上升了 27.09%，强度上升 115%；当纵横比由 2.37 增加为 4.26 时，其弹性模量上升了 28.66%，强度上升了 35.01%。纵横比的增加导致结构承载能力的上升，其主要原因在于纵横比的增加导致了结构整体的长度与结构整体的高度比例更大，在其他条件不发生变化的情况下，意味着结构整体具备有效承载能力的杆件的比例增加，根据式（6-2），即两端都与面板相连接的杆件占比增加。

根据式（6-18）的分析，结构的失效模式与纵横比无关，试验证明了该公式在失效模式预测上的有效性，D1、D2、D3 三种试件在失效模式上均为杆件的断裂。

在有关纵横比对结构平压性能的影响上，式（6-5）及式（6-6）预测结果为：纵横比的增加导致具有有效承载力的杆件数目的增加，进一步导致结构整体压缩性能的增强，试验结果同样验证了这种趋势。D1 试件纵横比最大，其对应的压缩性能也为最好。但在实际平压弹性模量及强度值的预测上，理论值与实际值之间存在着不小的差距。

如图 6-14 所示，随着纵横比的减小，其理论值与试验值之间的差值范围不断缩小，这种趋势性差异的出现在一定程度上证明了边界效应的存在。对于纵横比较高的试件，其单胞数量越少，边界效应带来的影响越强，而在理论公式中并未有边界效应有关参数的体现，导致理论值与试验值之间出现差异，且随着纵横比的降低，其差异逐渐变小。

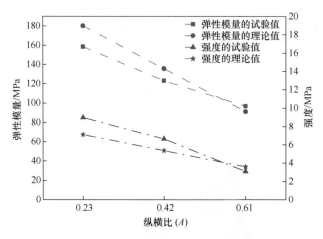

图 6-14　不同纵横比下菱形结构理论值与试验值的对比图

6.3　边界效应的研究

在菱形拓扑结构理论公式的基本分析中，存在着相对密度和纵横比两个可设计因素，但却忽视了边界效应的影响。边界效应被定义为参数化设计时存在的一种误差，其最直接的体现便是在单个胞元大小的设计上；根据已有理论（李晓东，2018），证明在其他设计参数都相同的情况下，胞元大小对结构平压表现的影响完全是由边界效应主导的。

6.3.1　胞元大小的设计

本节在 DB、D3 试件的基础上，新设计了 D4 试件，如图 6-15 所示。三种试件的相对密度、纵横比的值均为一致，只在单个胞元大小上有明显的差别，如表 6-7 所示。通过对三种试件在平压下的力学性能及破坏模式进行分析对比，比较其胞元大小对结构整体性能及破坏模式的影响，进而验证边界效应的存在对结构平压性能的影响。

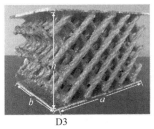 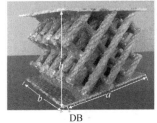 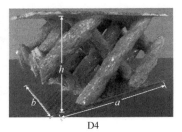

D3　　　　　　　　　　DB　　　　　　　　　　D4

图 6-15　不同胞元的结构实物图

表 6-7　不同胞元大小的结构尺寸设计

试件	杆件直径 D/mm	单胞长度 l/mm	试件尺寸（长×宽×高）/mm	纵横比（A=长/高）	相对密度（$\bar{\rho}$）
D3	4	12	90×60×55	1.64	0.26
DB	6	18	90×60×55	1.64	0.26
D4	12	36	90×60×55	1.64	0.26

6.3.2　失效行为的对比

DB 试件及 D3 试件的破坏模式在前面已有赘述，即 DB 试件由失稳导致，D3 试件由杆件断裂导致。D4 试件的失效模式与 D3 试件的失效过程类似，杆件都是在经历了弯曲后崩断导致结构承载能力的下降。如图 6-16a 所示，在位移范围为 0～1.7mm 内结构处于载荷上升阶段，在此阶段的点 A 到点 B 范围内，曲线处于直线上升阶段，而在点 B 到点 D 阶段，曲线处于弯曲上升阶段，且在点 C 处有第二个拐点的出现。观察图 6-16b 中对应点处的破坏图像发现，在点 B 时，杆件发生了弯曲变形；在点 C 时，节点开胶，弯曲变形增大，直到这部分开胶的杆件发生断裂导致结构承载能力开始下降。

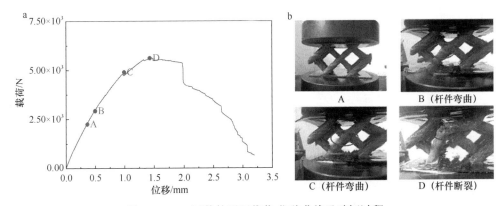

图 6-16　D4 试件的平压载荷-位移曲线及破坏过程

a. 载荷-位移曲线；b. 破坏过程

综合对比三种结构的失效模式，单个胞元的大小并不会对其失效模式产生太大变化，但对其载荷-位移曲线有影响，当单个胞元越大时，在载荷上升阶段，其节点开胶导致的曲线斜率变化的影响便越明显。

6.3.3　单胞大小对平压性能的影响

如图 6-17 所示，三种结构的平压性能与单胞大小间存在明显的相关性，即在其他设计参数一致的情况下，随着单胞体积的增加，结构的平压弹性模量、强度、比强度、比刚度都有不同程度的下降。

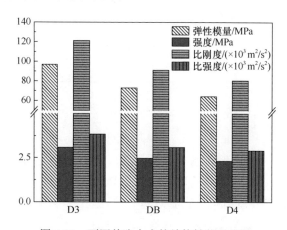

图 6-17　不同单胞大小的结构性能对比图

D3 的胞元最小，而其平压性能（弹性模量、强度、比强度、比刚度）最好；DB 的胞元中等，其平压性能也处于中等；而 D4 单胞体积最大，平压性能最差，分别只有 64.37MPa、2.32MPa、2.91×10³m²/s²、80.45×10³m²/s²。这种现象的出现进一步证实了边界效应的存在。在结构整体设计参数相同的情况下，胞元越小其胞元数越多，意味着更多胶接点的存在，对于杆件整体的约束增加，其边界效应带来的影响减小，结构整体的承载能力、承载效率得到提升。

6.3.4　理论公式的验证

如图 6-18 所示，因在式（6-5）和式（6-6）中并未对单胞数量进行限制，三种试件在平压强度、弹性模量上的理论值是一样的。但在实际的情况中，随着单胞数量的增加，其理论值与试验值间的差距在不断增大，证明其理论模型的建立仍存在着不足。但其增大的趋势并不是直线型，当单胞大小由 192π 增加到 648π 时，其平压强度的理论与试验值的差值由 14.35% 增加到 31.51%，弹性模量的理论值与试验值的差值由 3.8% 增加到 20.06%；而在单胞大小由 648π 增加到 5184π

时，其平压强度的差值由 31.51% 增加到 36.93%，弹性模量的差值由 20.06% 增加到 29.47%，表明随着单胞体积的增大，其边界效应带来的影响正在趋于等值化。对于体积一定、相对密度一定、纵横比一定的菱形拓扑结构，当其单胞数量增加到一定程度时，边界效应带来的影响可以忽略，如 D3 试件压缩强度的理论值与试验值之间的差值为 14.35%，弹性模量的理论值与试验值之间的差值为 3.80%。因此，在进行单胞尺寸的设计时，在保证其他参数值一定的情况下，应尽可能地减少单胞体积、增加单胞数量。

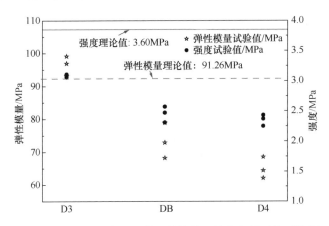

图 6-18　不同胞元大小的菱形结构的理论值与测试值对比图

6.4　菱形点阵夹芯结构优化设计

6.4.1　构型优化设计

如图 6-19 所示，菱形单胞在受力时，其杆件处于倾斜状态，力在单根杆件上将被分解为沿着杆件方向的分力 F_s 和垂直于杆件方向的分力 F_t。其垂直于杆件方向的分力导致杆件本身需要产生一个反方向力去平衡，变相地削减了杆件在竖直方向的承载效率。

对于采用模具工艺成型的菱形拓扑结构，其部分杆件无法同时与两端面板连接，导致这部分杆件对结构整体承载效率的贡献为零，大大地造成了材料的浪费。若将单胞构型设置为正方形，虽然可以解决部分杆件承载力在垂直于杆件方向的无效损耗，但单个胞元内，一半横向的杆件对于竖直载荷的承载效率几乎为零，且在竖直载荷 F 向下传递的过程中，正方形的单胞设计将会对横向杆件与纵向杆件的节点部位的性能提出更高的要求。

综合以上两点，本节设计了一种新型的混杂型结构，将单胞构型设计为正方形与菱形相结合的混杂形状，其具体的制作方法可参考菱形拓扑结构的制作。具

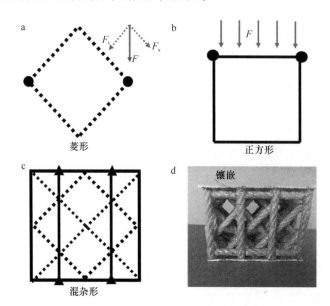

图 6-19　混杂构型图

a. 菱形；b. 正方形；c. 混杂型；d. 混杂型实物

体形状如图 6-19 所示，在一层菱形拓扑结构的外围增加了一层竖直杆件与横向杆件，其竖直杆与横向杆间通过镶嵌的方式连接。然后是两层倾斜杆件组成的菱形拓扑层，两者交替排列。这样设计有两个优点：①相较于菱形结构，增加了竖直杆件，将使结构的承载效率有很大的提升，竖直杆件的加入增加了边缘不具备承载力杆件在节点部位的稳固性，理论上能够避免结构过早在此部位发生破坏；②相较于正方形结构，其横向杆件与竖直杆件间采用镶嵌的处理手段，增加了横向杆件与竖向杆件在节点部位的稳固性，同时减少了横向杆件的数目，避免造成过多材料的浪费。

　　但以上猜测只是基于结构设计角度对其潜在优势的分析，具体的改进效果还需要对其进行试验和理论公式的推导。为此，在 DB 试件设计参数的基础上，增设了正方形拓扑结构（简称为 STS）及混杂型拓扑结构（简称 MTS）各 5 个。三种试件除却在构型上有差别，在单胞尺寸设计、相对密度的设计、纵横比的设计上均保持一致，具体设计参数见表 6-8。

表 6-8　不同构型的设计尺寸

试件	杆件直径 d/mm	单胞间距 l/mm	试件尺寸（长×宽×高）/mm	相对密度	纵横比（长/高）
DB	6	18	90×60×55	0.26	1.64
STS	6	18	90×60×55	0.26	1.64
MTS	6	18	90×60×55	0.26	1.64

6.4.2　理论推导

根据式（6-5）的理论，菱形拓扑结构的平压弹性模量的拓扑系数 T 为

$$T = \left(1 - \frac{1}{A \tan \omega}\right) \sin^4 \omega \tag{6-20}$$

根据式（6-6）的理论，其平压强度的拓扑系数 T_s 为

$$T_s = \left(1 - \frac{1}{A \tan \omega}\right) \sin^2 \omega \tag{6-21}$$

将 $\omega=45°$ 代入后可得式（6-22）和式（6-23）：

$$T = 0.25 \left(1 - \frac{1}{A}\right) \tag{6-22}$$

$$T_s = 0.5 \left(1 - \frac{1}{A}\right) \tag{6-23}$$

对于正方形拓扑结构，因其一半杆件处于竖直状态，一半杆件处于水平状态，因此对于一层宽度为 $2d$ 的芯子，其具有 N 个承载力的杆件数可由式（6-24）求得：

$$N = \frac{a}{2l} \tag{6-24}$$

将其代入式（6-5）和式（6-6）进行换算，可根据式（6-25）和式（6-26）得其 T^z 值及 T_s^z 值，分别为：

$$T^z = x_1 \sin^4 \omega_1 + x_2 \sin^4 \omega_2 \tag{6-25}$$

$$T_s^z = x_1 \sin^2 \omega_1 + x_2 \sin^2 \omega_2 \tag{6-26}$$

式中，ω_1、ω_2 为杆件与下面板间的倾斜角度；x_1 为呈 ω_1 倾斜角度的杆件体积与整体杆件的体积比；x_2 为呈 ω_2 倾斜角度的杆件体积与整体杆件的体积比。将 $x_1=0.5$、$x_2=0.5$、$\omega_1=0$、$\omega_2=90°$ 代入可得：$T^z=0.5$、$T_s^z=0.5$。

对于混杂型拓扑点阵结构，因其既有处于竖直状态、水平状态的杆件，也有倾斜杆件，此时，T 值及 T_s 按式（6-27）和式（6-28）计算：

$$T = \left(1 - \frac{1}{A \tan \omega}\right)\left(x \sin^4 \omega + x_1 \sin^4 \omega_1 + x_2 \sin^4 \omega_2\right) \tag{6-27}$$

$$T_s = \left(1 - \frac{1}{A \tan \omega}\right)\left(x \sin^2 \omega + x_1 \sin^2 \omega_1 + x_2 \sin^2 \omega_2\right) \tag{6-28}$$

式中，x 为呈 ω 倾斜角度的杆件体积与整体杆件的体积比；ω 为杆件与下面板间的倾斜角度（°）。

此时，x 约为 0.5，x_1 约为 0.17，x_2 约为 0.33，ω 为 45°，ω_1 为 0°，ω_2 为 90°，代入得式（6-29）和式（6-30）：

$$T_m = 0.455\left(1 - \frac{1}{A}\right) \tag{6-29}$$

$$T_m^s = 0.58\left(1 - \frac{1}{A}\right) \tag{6-30}$$

进一步地根据 6.2.1 节的结论，对于菱形拓扑结构及混杂型拓扑结构来说，当且仅当 $N > 0$ 时，结构的设计才有效，因此对于三种不同构型的平压弹性模量来说其值大小按式（6-31）排列：

$$T^z > T^m > T \tag{6-31}$$

而平压与结构的失效模式有关，若三种结构为同一种失效模式，则有式（6-32）：

$$\begin{cases} T_s^z > T_s^m > T_s & \text{当} A < 7.14 \text{时} \\ T_s^m \geqslant T_s^z > T_s & \text{当} A < 7.14 \text{时} \end{cases} \tag{6-32}$$

6.4.3 失效行为的比较

三种构型的载荷-位移曲线及破坏过程如图 6-20 所示。在位移约为 0～3.5mm 的间隔，STS 经历了线弹性的载荷上升阶段，在此阶段内，结构整体发生横向的弯曲，如图 6-20a 在 $\eta = 2\text{mm}$ 处的图像所示。但此时的结构承载能力尚未达到峰值，直到部分竖直杆件在最外侧节点处的断裂迫使结构的承载能力下降，如图 6-20a 中 $\eta = 3.5\text{mm}$ 处的图像所示。随着位移的进一步增加，这部分断裂的竖直杆件继续向下发生变形，直到横向杆件相互触碰后从节点位置发生脱落，而竖直杆件全部断裂，结构丧失承载能力。

MTS 构型在位移为 0～3mm 内同样处于弹性阶段，此时其载荷-位移曲线处在线弹性的上升阶段。在此阶段内，结构整体呈现出"外凸的变形"，其外侧的竖直杆件发生了弯曲，随后，其内嵌的倾斜杆件也发生了弯曲，直到位移加载至 3.5mm 处，率先发生弯曲变形的竖直杆件断裂，结构整体的承载能力达到最大（约为 35 935N），见图 6-20a 中 $\eta = 2\text{mm}$ 和 $\eta = 3.5\text{mm}$ 时的图像。随着位移的进一步加载，内部具有承载能力的倾斜杆件也发生断裂（图 6-20a），此时，曲线进入了平缓下降阶段。直到最后，MTS 内部的杆件全部断裂，结构整体丧失了承载能力。

综合对比三种结构的失效行为，在 STS 结构中，其横向杆件对结构整体在承受平压载荷的贡献几乎为零，与结构设计前的猜想一致。因为横向杆件与竖直杆件的节点间只是通过胶接的方式结合在一起，其节点部位的性能偏弱，导致结构

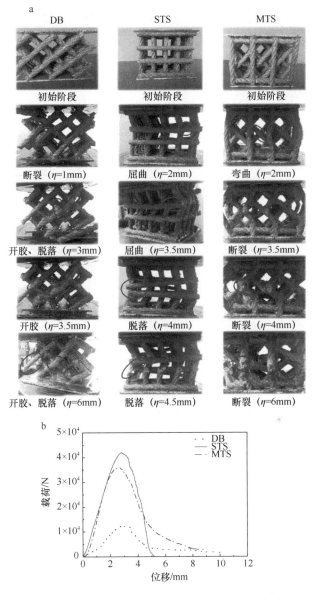

图 6-20　三种构型的平压破坏过程及载荷-位移曲线

a. 平压破坏过程；b. 载荷-位移曲线

整体的失效位置总是出现于此。同时，由于节点性能偏弱，结构整体在发生向下的变形时，横向杆件在给予竖直杆件足够的约束前出现脱落，导致了结构整体在横向上有较大的偏移。其横向上的较大偏移，加速了结构的破坏过程，导致结构整体在位移约为 5mm 处便已完全不具备承载能力。而 MTS 结构是将竖直杆件镶嵌在横向杆件内，因此在竖直杆件受力变形的时候，横向杆件能够在横向上给予充分的约束，使结构整体不在横向上出现较大的偏移，而同时相较于菱形拓扑结构，竖直杆件的引入使得最外侧倾斜杆件在节点部位的约束增强，不会过早地发生脱落。

6.4.4　平压性能的增强

对三种结构的失效行为进行比较研究后，对其平压下的性能进行综合性评价，包括弹性模量、强度、比刚度、比强度等指标。根据 6.4.2 节中公式推导结果，MTS 结构在 T 及 T_s 的取值远高于 DTS（菱形拓扑）结构，与 STS 结构相差不大。如图 6-21 所示，优化后的 MTS 相较于 DTS 在平压强度、弹性模量、比刚度、比强度、单位体积的能量吸收等方面分别提高了 185.8%、190.9%、187.3%、182.14%、288.89%。

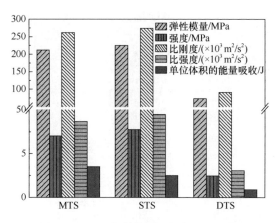

图 6-21　不同拓扑构型间的性能对比图

MTS 结构相较于 DTS 结构，其平压性能有较大提升的主要原因在于其破坏行为发生了改变，其失效模式由局部倾斜杆件的屈曲脱落转变为竖直杆件的受弯断裂，而杆件的脱落是由节点处开胶导致；由于 DTS 结构的杆件全部处在倾斜状态，其在平压下的性能很大程度上取决于节点处的性能，而优化后的 MTS 结构在引入了竖直杆件后，大大缓解了节点处所需承受的压力，保证了倾斜杆件中不会有试件脱落发生。

而 MTS 结构相较于 STS 结构，在减少了横向杆件数目的同时增加了倾斜杆件。但其各方面的力学性能与 STS 结构差距不大，且在单位体积的能量吸收上要强于后者，见图 6-21。

第 7 章　黄麻纤维布增强环氧树脂基格栅点阵夹芯结构平压力学性能研究

通过拉挤工艺及模具-粘结工艺制备的黄麻纤维束增强环氧树脂基菱形结构在低密度、高强度方面表现出了低效性，同时，成型后的结构性能普遍存在因工艺缺陷导致过早失效的问题。本章对点阵格栅结构的平压失效行为及性能表现进行了充分的探讨与研究，建立了其相关理论模型并对模型的有效性进行了充分的验证与补充，力求在节省成本的同时能弥补菱形结构在低密度、高强度方面的缺陷。此外，相较于菱形拓扑点阵结构，格栅结构在日常生活中更为常见，如用来铺设地板的蜂窝板及用来做隔音墙壁的蜂窝墙等，对于格栅结构的研究更具有一定的现实意义。

7.1　格栅点阵夹芯结构设计

在进行有关黄麻纤维增强纤维树脂基点阵结构力学性能的研究上，首先聚焦的是其在构型上的设计。一方面，构型的选择对后续的试验设计有着关键的指导性作用，只有在预先确定好构型的基础上，后续的尺寸研究及其他相关变量的研究才具有一定的根据。本部分在构型上共设计了正方形格栅及等边三角形格栅两种结构，其主要原因在于，相较于六边形、Kagome 型等复杂结构，正方形及三角形在工艺上更容易实现，且在日常生活中也更为常见。通过比较两种构型在用材量及平压性能表现方面的差异，从而选出最优的构型设计。

在进行两种结构具体的设计时，令其面板厚度 t、结构整体高度 h、单胞个数均一致。考虑到一种结构在实际应用时，如何节约用材量是一个极具现实意义的话题。因此，本节在进行两种结构拓扑构型的比对前，先对两种结构的用材量进行一个比较。

相对密度通常定义为单胞内材料实际所占据的体积与理想桁架体的体积之比。如图 7-1a 所示，对于一个具有 $n_1 \times n_1$ 个单胞的正方型格栅结构，其相对密度 $\bar{\rho}$ 可由式（7-1）求得：

$$\bar{\rho} = \frac{4 \frac{t_1}{2} b_1 h_1}{b_1^2 h_1} = \frac{2t_1}{b_1} \tag{7-1}$$

式中，b_1 为单胞长度；t_1 为面板厚度；h_1 为单胞高度。

忽略掉节点部位对整体用材量的影响，则可建立其整体用材量 W_1 的方程：

$$W_1 = h_1\left[n_1\left(4 \times \frac{t_1 b_1}{2}\right) + \sqrt{n_1}\, b_1 \frac{t_1}{2} \times 4 \right] = 2h_1 t_1 b_1\left(n_1^2 + n_1\right) \tag{7-2}$$

如图 7-1b 所示，对于 $n_1 \times n_1$ 个单胞的等边三角型格栅结构来说，其相对密度 $\overline{\rho}$ 可由式（7-3）求得：

$$\overline{\rho} = \frac{3\dfrac{t_2}{2}b_2 h_2}{\dfrac{b_2 b_2 \sin\theta}{2}h_2} = \frac{3t_2}{b_2 \sin\theta} = \frac{2\sqrt{3}t_2}{b_2} \tag{7-3}$$

式中，b_2 为单胞长度；t_2 为面板厚度；h_2 为单胞高度。

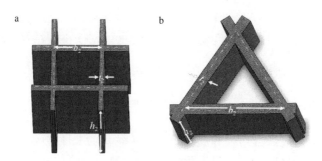

图 7-1 两种构型的格栅单胞示意图

a. 正方形格栅单胞；b. 三角形格栅单胞。b_2 为单胞长度；t_2 为面板厚度；h_2 为单胞高度

同样忽略各个节点部位对结构整体用材量的影响，可得到等边三角格栅的用材量 W_2 方程：

$$W_2 = h_2\left[2n_2^2\left(\frac{3t_2 b_2}{2}\right) + 2b_2 n_2 \frac{t_2}{2} + 4b_2 n_2 \frac{t_2}{2} \right] = 3h_2 t_2 b_2\left(n_2^2 + n_2\right) \tag{7-4}$$

则针对正方形格栅结构及等边三角型格栅结构，其用材量 ΔW 的差值为

$$\Delta W = W_1 - W_2 = 2b_1 t_1 h_1\left(n_1^2 + n_1\right) - 3b_2 t_2 h_2\left(n_2^2 + n_2\right) \tag{7-5}$$

通常对于两种结构在平压下性能的比较，是建立在相对密度相等的基础上。当两种拓扑结构相对密度相等时，令式（7-1）与式（7-2）相等，则建立两种构型参数间的比例关系为

$$\frac{t_1}{b_1} = \frac{\sqrt{3}t_2}{b_2} \tag{7-6}$$

令 $t_1 = t_2$，$b_2 = \sqrt{3}b_1$，同时将 $n_1^2 = 2n_2^2$、$h_1 = h_2$ 及等式（7-6）代入公式（7-5）中可得

$$\Delta W = W_1 - W_2 = h_1 t_1 b_1 n_1^2 \left(4 - 3\sqrt{3}\right) + h_1 b_1 t_1 n_1 \left(2\sqrt{2} - 3\sqrt{3}\right) < 0 \qquad （7-7）$$

对于本部分的试验设计，三角形单胞的耗材量要远大于正方形单胞的耗材量。具体的在本部分试验的设计上，h 的值为 30mm，t=3mm，b_1=30mm，b_2=52mm，单胞个数为 4 个。为避免试验误差带来的影响，每组试件各制备 5 个，如图 7-2 所示。

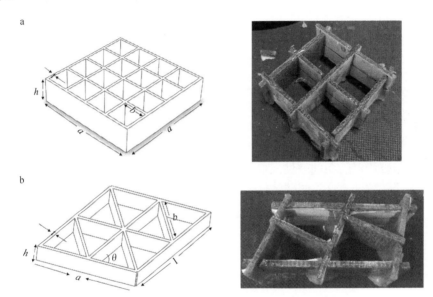

图 7-2　两种构型的格栅结构实物图及模型图

a. 正方形格栅；b. 三角形格栅。a 代表四胞元格栅结构边长，h 代表结构高度，b 代表单胞元边长，t 代表面板厚度，θ 代表三角形格栅面板倾斜角度

7.2　格栅点阵夹芯结构平压力学性能

7.2.1　理论分析

对于正方形格栅结构，其平压弹性模量 E_{int} 的公式可按式（7-8）推导（Russell et al.，2008）：

$$E_{int} = E\overline{\rho} \qquad （7-8）$$

与黄麻纤维增强环氧树脂基二维点阵结构类似，格栅结构整体的压缩强度与结构的破坏模式有关，对于单胞间距为 l、高度为 h、厚度为 t 的格栅结构，当结

构发生破坏时，其平压强度 σ 可由式（7-9）求得：

$$\sigma = \sigma_{pk} \qquad (7\text{-}9)$$

当结构的破坏以肋条直接断裂的形式发生时，其平压强度 σ 可由式（7-10）求得：

$$\sigma_{pk} = \sigma_y \bar{\rho} \qquad (7\text{-}10)$$

式中，σ_y 为材料的屈服强度（MPa）。

当结构的破坏以肋条的塑性屈曲然后断裂的形式发生时，其平压强度 σ 为

$$\sigma_{pk} = \frac{\pi^2 G_t \bar{\rho}^3}{3} = \sigma^f{}_{buck} \qquad (7\text{-}11)$$

式（7-11）中的 G_t 由式（7-12）求得：

$$G_t = \frac{G}{1 + 3G\left(1/E_s - 1/E\right)} \qquad (7\text{-}12)$$

式中，G 为材料的弹性剪切模量（MPa）；E 为原材料的弹性模量（MPa）；E_s 是原材料的割线模量，即为其应力应变曲线在弹性阶段的斜率（MPa）。

当结构破坏以肋条的弹性屈曲然后断裂的形式发生时，其平压强度 σ 可由式（7-13）求得：

$$\sigma_{pk} = \frac{\pi^2}{1-\upsilon} G \bar{\rho}^3 = \sigma_{buck} \qquad (7\text{-}13)$$

进一步，结构的压缩强度可由式（7-14）求得：

$$\sigma_{pk} = \min\left\{ \sigma_y \bar{\rho}, \ \sigma^f{}_{buck}, \sigma_{buck} \right\} \qquad (7\text{-}14)$$

将 σ_y=116.38MPa、G=1.57GPa、v=0.59、E=2315.38MPa、E_s=1250.12MPa 代入式（7-13）可得 $\bar{\rho}$ 的两个临界值分别为 0.05、0.15，即当 $0.05 < \bar{\rho} < 0.15$ 时，结构的破坏以肋条塑性屈曲的形式发生；当 $\bar{\rho} \geqslant 0.15$ 时，结构的破坏以肋条断裂的形式发生；当 $\bar{\rho} \leqslant 0.05$ 时，结构的破坏以肋条的弹性屈曲发生。

7.2.2 结果与分析

如图 7-3 所示，正方形格栅在承受平压载荷时，其应力-应变曲线呈现出先增长后下降的趋势。在应变范围为 0～0.075 时，曲线处于线弹性的增长阶段；在应变约为 0.05 时，左侧部分肋条在压力的作用下发生了向外弯曲的变形。随着位移的进一步加载，其各个方向的肋条都开始出现弯曲变形，直到应变为 0.075 时，左侧部分肋条弯曲的部位出现裂缝，试件整体的承载能力开始下降，如图 7-4 所

示。其下降过程极为迅速，在 0.075～0.011 的应变范围内，其试件平压强度从 72.46MPa 下降到 8.91MPa，并在此过程中伴随着刺耳的试件断裂声音；在应变约为 0.011 时，其应力下降速度变缓，被压碎的试件堆叠在一起，直到最后断裂的试件被完全压溃，结构完全丧失承载能力。

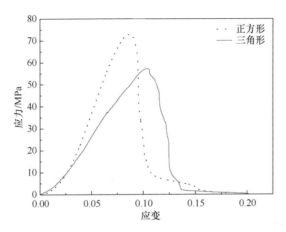

图 7-3　两种构型格栅结构在平压下的应力-应变曲线

图 7-4　两种构型格栅结构在平压下的破坏过程图

等边三角形格栅结构在承受平压时，其整体应力-应变曲线的变化趋势与正方形格栅结构类似，都是先增长后下降，如图 7-3 所示。但与正方形格栅结构略有不同的是，其达到峰值载荷前，应力-应变曲线整体的线弹性增长趋势较为缓慢，直到应变为 0.015 时，结构的承载能力才达到峰值。在曲线增长阶段，其结构变形首先出现在试件长度方向的肋条上，呈现出向外凸的变形，随后在很短的时间内，宽度方向的肋条出现向内凹的变形，紧接着长度方向的肋条在弯曲部位发生断裂（如图 7-4 所示），结构的平压强度达到最大值（约为 57.21MPa）。随着载荷的进一步加载，在应变范围为 0.015～0.13，试件的平压强度下降了 97%，结构整体被压溃，完全丧失承载能力，在此过程中伴随着刺耳的断裂声。

综合对比两种构型在平压载荷下的破坏模式，其主导的失效模式近乎一致，都是肋条在压力作用下发生弯曲变形进而断裂。由此可见，构型的改变并未对其破坏行为产生较大影响。

表 7-1 反映了两种结构在平压强度、弹性模量、能量吸收上的差异。相较于等边三角形格栅结构，正方形格栅结构在平压强度、弹性模量、能量吸收、比强度、比刚度等指标上均有优势。理论上，三角形相较于正方形是一种更为稳定的构型，但由于采用嵌锁工艺，在制作三角形格栅时，其节点部位的嵌槽较为集中，如图 7-2b 所示。过多的嵌槽在中间部位肋条的聚集，使这部分肋条在受压下更易产生应力集中，进而发生过早的破坏，并导致结构在平压下的低效表现。综合用材量及平压性能两个方面的考虑，正方形格栅结构为优选构型。

表 7-1　正方形格栅和三角形格栅力学性能对比

	弹性模量/MPa	强度/MPa	单位体积的能量吸收/J	比刚度/（×10³m²/s²）	比强度/（×10³m²/s²）
正方形	1255.43±35.25	74.72±8.72	3.92±0.35	1569.29±41.23	93.4±9.35
三角形	421.48±15.14	57.21±5.13	3.94±0.27	526.85±18.17	65.77±6.31

7.2.3　纤维取向对平压性能影响

在完成对黄麻纤维增强环氧树脂基格栅结构构型上的选择对比后，进一步对黄麻纤维布增强环氧树脂基材料中的纤维取向进行设计，如图 7-5 所示，共设计了两种纤维取向，一种为 0°/90° 的纤维排列，一种为 ±45° 的纤维排列。分别以两种纤维取向设计成型了两种黄麻纤维增强环氧树脂基正方形格栅结构。为了消除其他变量对两种结构在平压下性能表现的影响，保持其他设计参数均为一致。具体为：面板厚度 t 均为 3mm，单个单胞内肋条的间距 l 均为 30mm，面板高度 h 均为 30mm，胞元数量均为 2×2。通过对比两种结构在平压下的失效模式、平压性能来选择出最优设计方案。

表 7-2 显示的是两种不同纤维铺层角度制作的板材的性能。从表中可以明显看出，在垂直于载荷的方向，0°/90° 黄麻纤维增强环氧树脂基板材在弹性模量、屈服强度上具有优势。究其原因在于，在平行于载荷的方向，0°/90° 的纤维排列在纤

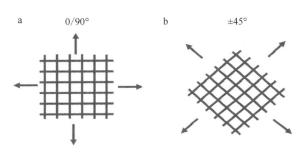

图 7-5　不同纤维铺层角度图

a. 0°/90°；b.±45°

表 7-2　不同纤维铺层角度所成型板材性能

	弹性模量/MPa	屈服强度/MPa	泊松比	剪切模量/MPa
0°/90°	2315.38	116.38	0.58	15702.35
±45°	1585.18	58.75	0.53	16250.43

维体积分数为 40% 时，对复合材料界面间的结合更有利；而 ±45° 的纤维排列在受到拉伸作用时，其复合材料两相间的界面将承受更多的力，容易发生破坏。同样，由于 ±45° 纤维的交叉铺层方式导致其在抗剪切性能上的高效。

0°/90° 试件的破坏过程及失效原因与 7.2.2 节中正方形结构的相同。±45° 试件的整体破坏过程与 0°/90° 试件整体的破坏过程并无显著差别，其应力-应变曲线也呈现出"倒 V 状"。在压缩刚开始的 0～0.87 的应变范围内，曲线处在线弹性的增长阶段，观察应变为 0.03 时结构的形变，发现处在其最外部的肋条有微微弯曲的趋势，处在内部的肋条因无法观察，不能确定其具体变化，见图 7-6b。随着载荷的持续加载，曲线继续上升直到应变约为 0.087 时，结构的承载能力达到最大（约为 58.29MPa），见图 7-6a。观察此时外部弯曲肋条的变化，发现在其弯曲部位已

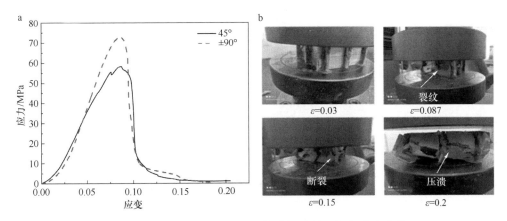

图 7-6　±45°格栅结构在平压下的破坏过程及应力-应变曲线

出现了裂痕，而正是这种裂痕的出现导致了结构承载能力开始下降。而后，在应变范围为 0.011～0.087 的时间段内，其结构的承载能力下降了约 88%，下降到 6.83MPa，如图 7-6b 所示，此时肋条已全部断裂，结构完全丧失承载能力。

对比两种结构的破坏模式及失效原因，发现其并未有太大差别，均是肋条弯曲后的断裂导致结构承载能力的下降，但在具体的变形上有所区别。0°/90°的左侧肋条在弯曲时是向外弯曲，裂痕的扩展是在水平方向上；而±45°的肋条裂痕的扩展既有水平方向又有竖直方向。这种外在表现的差异在于其内部纤维的排列方向，0°/90°的纤维取向导致结构在出现破坏时，更易在界面内部 0°纤维与环氧树脂间出现破坏，进而导致最终裂纹的扩展沿此方向。而±45°的纤维排列，在承受垂直于其表面的平压载荷时，其内部纤维与环氧层间的界面交叉排列，使其界面在受力时更易发生交叉式的分层断裂。

在完成对两种结构失效模式的分析对比后，集中对两种结构在平压下的性能进行比较，如图 7-7 所示。经过公式计算得到±45°的纤维在平压下的性能，弹性模量为 941.75MPa，强度为 58.28MPa，比刚度为 $1046.39×10^3 m^2/s^2$，比强度为 $64.76×10^3 m^2/s^2$，相较于 0°/90°的结构分别下降了 32.6%、41.2%、32.6%、41.2%。这里需要注意的是，虽然纤维排列方向发生了变化，但结构整体的表观密度并未改变，因此其比强度、比刚度的下降幅度与弹性模量、平压强度的下降幅度一致。两种结构的平压性能差异首先是由于材料性能的差异，0°/90°的纤维铺层在平行于载荷方向表现出更好的力学性能，最终在强度、弹性模量、比强度、比刚度上的性能表现更好；其次是在破坏时裂纹扩展方向的变化，不规则裂纹扩展的±45°的纤维铺层导致结构过早被完全破坏，进而导致其在单位体积能量吸收上的低效表现。

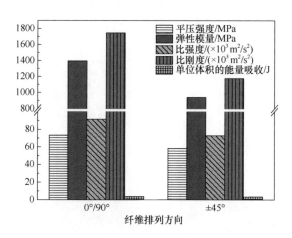

图 7-7　不同纤维角度成型结构性能对比图

如图 7-8a 所示，以 0°/90°的纤维排列成型的正方形格栅结构在低密度、高比强度区域具有明显优势，其相较于杆件制作的菱形结构在比强度上提高了将近 30 倍，与传统铝材料所成型的六边形蜂窝结构相比，其比强度提高了 220.4%，与碳纤维嵌锁组装的金字塔相比，其比强度相差不大，但后者处在 $1\sim1.5\text{g/cm}^3$ 的中密度区域；而与碳纤维模具热压成型的金字塔以及碳纤维浸渍制成的 Kagome 金字塔相比，其比强度分别提升了 31.7%、170.8%，同时其材料密度相较于后者也减少了 60%。

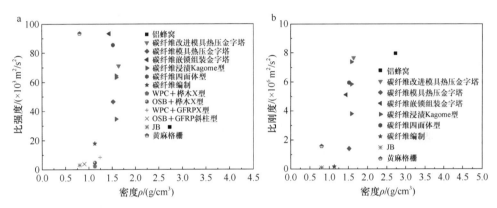

图 7-8　黄麻格栅与其他结构性能对比图（李帅，2019；郑腾腾，2019；吴林志等，2012；Lee，2012；Zhang，2012；Li et al. 2011a；Finnegan et al. 2007；袁家军，2004；）
a. 比强度；b. 比刚度

从图 7-8b 中可以看出，格栅结构在低密度具有明显优势，与菱形结构相比，比刚度提高了 16 倍多。格栅结构的比刚度值与母体材料为碳纤维、模具热压工艺成型的金字塔结构相当，与铝蜂窝、碳纤维改进模具热压工艺成型的金字塔、碳纤维嵌锁组装金字塔及碳纤维四面体等结构相比，比刚度值稍低，但都处于 $0\sim10\times10^6\text{m/s}^2$ 范围内。

综合来看，在低密度、高比强度材料中，这种格栅结构具有极大的优势，是一种具有较好应用前景的生物质基点阵结构。同时，其相较于杆材成型的菱形结构，在比强度和比刚度上也有大幅提升，达到了预期试验目的。

7.2.4　相对密度对平压性能的影响

根据式（7-8）和式（7-9）的推导，结构的平压性能与相对密度有关；其相对密度与其面板厚度 t 成正比，与单胞间距 l 成反比。本节在进行相对密度的探讨时，共设计了 5 组实验，即分别在保证肋条厚度 t 一致时改变肋条间距 l 进而改变相对密度，以及在保证肋条间距 l 一致时改变肋条厚度 t 来探讨两种变量对结构整体在平压下的失效模式及性能的影响。具体的试验设计参数如图 7-9 所示，试件尺寸如表 7-3 所示。

图 7-9　正方形格栅结构的几何参数示意图

表 7-3　不同相对密度正方形格栅结构的设计尺寸

试件	肋条厚度/mm	胞元间距/mm	试件尺寸（长×宽×高）/mm	相对密度	单胞数量
130	$t=3$	$l=30$	63×63×30	0.20	2×2
140	$t=3$	$l=40$	83×83×30	0.15	2×2
150	$t=3$	$l=50$	103×103×30	0.12	2×2
t2	$t=2$	$l=30$	62×62×30	0.13	2×2
t3	$t=3$	$l=30$	63×63×30	0.2	2×2
t4	$t=4$	$l=30$	64×64×30	0.26	2×2

对于单胞个数为 4 个、单胞高度 h 为 30mm、胞元间距 l 为 30mm 的格栅结构，肋条厚度 t 为 3mm 时，其破坏模式及失效原因与 7.2.2 节相同。肋条厚度 t 为 2mm，在承受平压载荷时，载荷-位移曲线呈现先增长后降低的趋势（图 7-10a），在

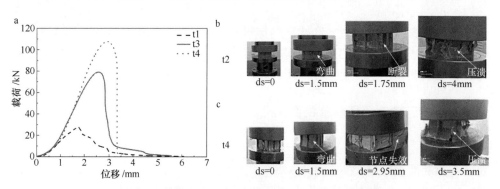

图 7-10　格栅结构平压载荷-位移曲线及失效过程图示
a. 载荷-位移曲线；b. t2 失效过程图示；c. t4 失效过程图示

位移为 0～1.5mm 的范围内，曲线处在上升阶段，图 7-10b 中，在此过程中，格栅结构的肋条发生了轻微的弯曲。随着位移的进一步加载，结构的承载能力继续上升，直到位移约为 1.76mm 处，结构的承载能力达到最大值（约为 27 395.4N）。此时，结构中除最开始弯曲的肋条外，其他部位的肋条都发生了不同程度的弯曲，但肋条断裂的现象并未发生。峰值点过后，其载荷-位移曲线进入了下降阶段，在位移从 1.76mm 处到 4.96mm 处，其承载能力下降到 2984.71N，下降幅度为 89%，在此过程中，有明显的塑性屈曲的变形，如图 7-10b 所示，直到最后发生变形的肋条在进一步的破坏中被完全压溃，结构完全丧失承载能力。

如图 7-10a 所示，当其肋条厚度 t 为 4mm 时，结构的载荷-位移曲线与肋条厚度为 3mm 的载荷-位移曲线并无太大差异，甚至在位移 0～1.6mm 的范围内，其曲线一度是重合的。而观察此阶段结构的破坏图像（图 7-10c 中 ds=0 到 ds=2.95mm）：其左侧部分的肋条发生弯曲，同时处在节点部位的肋条发生了破坏；进一步在位移 1.6～2.95mm，其他部位的肋条也陆续发生了不同程度的弯曲，直到位移为 2.95mm 时，最早发生弯曲部位的肋条断裂才导致结构整体的承载能力达到峰值。峰值过后，在很短的位移范围内（2.95～3.35mm），结构的承载能力下降了 96.75%，从最大值 10 7540N 下降到 3497.35N，观察此时结构的变形发现：先前发生弯曲部位的肋条，在此过程中都迅速断裂，并伴随着刺耳的声音。

综合比较三种不同肋条厚度的格栅结构在平压下的破坏过程，t 为 2mm 的格栅结构，失效的主要原因是肋条整体的塑性屈曲，在屈曲过后试件才被压溃，而其他两种结构失效的最终模式都为肋条的断裂。这种差别出现的主要原因在于当 l 一定时，t 的增加导致了结构整体截面惯性矩的增加，进而提高了结构整体的抗屈曲能力；另一方面，在 h 一定时，t 的增加同样提升了单根肋条的抗屈曲能力；而当 t 增加到 4mm 后，在其节点部位发生肋条断裂的原因在于槽口的存在。在结构制作时，肋条厚度增加将导致节点部位的槽口面积增加，槽口的存在对于这部分肋条的性能是一种损害（容易产生应力集中），当槽口面积增加时，这种破坏加剧，导致在该部位的肋条过早地发生了断裂。

在粗略地对三者破坏模式进行分析后，进一步对其平压性能进行综合性的比较分析。从表 7-4 中可以看出：t 为 3mm 的结构在平压弹性模量、平压强度、比刚度、比强度上都为最大，数值分别为 1397.48MPa、73.18MPa、1569.29×10^3m^2/s^2、93.4×10^3m^2/s^2，其次是 t 为 4mm 的结构。肋条厚度 t 的变化对其平压性能的影响并不是呈简单的线性关系，t 从 2mm 增加至 3mm 后，其平压强度增加了 92.33%，弹性模量增加了 54.77%，比强度增加了 96.38%，比刚度增加了 39.04%，单位体积的能量吸收增加了 85.78%。但当肋条厚度 t 从 3mm 增加至 4mm 时，其平压强度上升了 2.1%，弹性模量下降了 10.16%，比强度和比刚度均下降了 15.79%，单位体积的能量吸收增加 5.1%。出现这种现象的主要原因在于，嵌锁工艺的限制导致在进行小尺寸设计时，槽口的存在对结构的性能是一种极大的损害，进而导致结构在节点部位的过早失效，说明对于嵌锁工艺成型的正方形格栅结构，若只是一味地增加格栅厚度进而提高相对密度，并不能完全带来平压性能的提升。而在一定范围内，肋条厚度的增加将导致结构整体平压性能的全面提升，其主要原因在于，在其他设计参数不变的情况下，t 的增加意味着整体具备承载能力的肋条体积增加，同时肋条底面的接触面积增加提升了结构的稳定性。

表 7-4　不同肋条厚度的格栅结构平压性能对比

试件	弹性模量/MPa	强度/MPa	单位体积的能量吸收/J	比强度/（×10^3m²/s²）	比刚度/（×10^3m²/s²）	相对密度
t2	902.93±28.75	38.05±2.13	2.11±0.12	47.56±2.73	1128.66±31.25	0.13
t3	1397.47±36.24	73.18±2.75	3.92±0.14	93.4±3.25	1569.29±40.24	0.2
t4	1255.43±18.96	74.72±3.12	4.12±0.08	78.65±4.13	1321.51±22.37	0.26

对于单胞个数为 4 个、h 为 30mm、t 为 3mm、单胞间距 l 为 30mm 的格栅结构来说，其平压破坏模式及失效原因已在前面介绍。如图 7-11 所示，当 l 为 40mm 时，结构的载荷-位移曲线同样呈现出先增长后降低的趋势。在位移范围 0～3.4mm 内，曲线处于上升阶段，肋条在压力作用下发生微微的弯曲变形，随着位移的进一步增加，肋条弯曲的程度增加，最终在位移为 3.4mm 时，结构的承载能力达到 92.43kN，此时肋条全都处在第一阶段弯曲状态的最大变形；而后曲线进入下降阶段，在位移范围 3.4～3.9mm 阶段内，曲线进入快速下降阶段，其最大承载能力下降了 75.1%，观察此时结构的变形（图 7-12）：肋条的弯曲程度加深且弯曲部位有裂缝出现，在位移范围 3.9～4.5mm 内，曲线进入了第二个下降阶段，其下降速率相较于第一阶段的下降较为平缓，在位移达到 4.5mm 时，其承载能力相较于位移为 3.4mm 时下降了 83.8%，此时结构已基本完全丧失了承载能力。

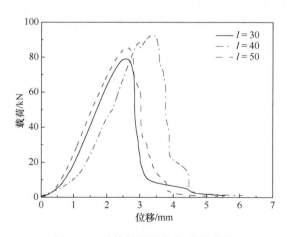

图 7-11　结构的平压载荷-位移曲线

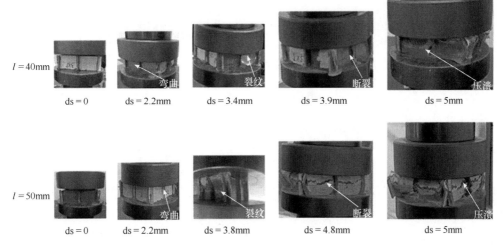

图 7-12 结构的平压失效过程图

当 l 为 50mm 时，结构的载荷-位移曲线与前两者并无太大差别。如图 7-11 所示，在位移 0～2.6mm 的范围内，其曲线都处在上升阶段。如图 7-12 所示，处在此阶段内，部分肋条在压力的作用下发生了微弯曲，位移的进一步增加导致了其弯曲程度的加深；在位移达到 2.6mm 时，承载能力达到最大约为 85kN，此时结构在其节点部位发生了破坏，节点部位的部分肋条已发生了断裂；随后，在位移 2.6～4mm 范围内，曲线进入平缓下降阶段，在此阶段结构的承载能力下降了 97%，此阶段过后，结构完全丧失承载能力。

综合对比三种结构的破坏模式，相较于由于肋条断裂导致 l 为 30mm 的格栅结构承载能力的下降，l 为 40mm 和 l 为 50mm 的格栅结构的最终失效模式都为肋条的塑性屈曲，随着塑性屈曲程度加深，裂缝出现，结构丧失承载能力。出现这种差异的原因在于：在 t、h、单胞数量等设计参数不变的情况下，l 的增加意味着单个单胞内肋条的抗屈曲能力在减弱，同时结构整体的抗屈曲能力在降低。

对三种结构在平压下的性能进行分析对比，从图 7-13 的数据中可以看出，l 的增加将导致结构平压力学性能的降低，l 为 30mm 的格栅结构的弹性模量、强度、比刚度、比强度性能都为最大；其次是 l 为 40mm 的格栅结构，其值分别为 1255.43MPa、64.17MPa、1549.91×10^3m^2/s^2、79.2×10^3m^2/s^2；l 为 50mm 的格栅结构最小，具体为 1000.29MPa、47.4MPa、1219.87×10^3m^2/s^2、57.8×10^3m^2/s^2。而在单位体积的能量吸收上三者差别不大，分别为 3.8J、4.15J、4.02J。这种现象出现的主要原因在于，当 t 一定时，l 的增加导致了单个单胞内其具有承载力的体积比率降低，进而使结构承载效率下降，另一方面，当 t 一定时，l 的增加将导致单胞体积增加，其边界效应增强，结构的承压性能受边界效应的影响而降低。

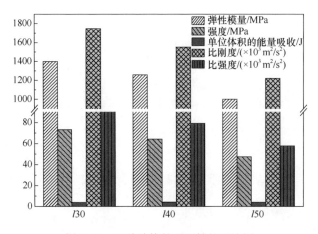

图 7-13　三种结构的平压性能对比图

7.3　平压理论模型的验证与优化

7.3.1　平压理论模型的验证

在完成相对密度对结构平压性能和失效模式变化的探讨后，进一步地进行理论模型的验证。如图 7-14 所示，格栅结构平压强度的理论值并不是一条直线。在相对密度为 0.15 时，有一个转折点，在该点过后，结构的平压强度与相对密度曲线的斜率发生变化。在上述的有关失效模式的探讨中，也出现了这种现象。相对密度低于 0.15 的 t 为 2mm、l 为 30mm 的格栅结构及 t 为 3mm、l 为 50mm 的格栅结构，其失效的主要模式为肋条的塑性屈曲；而相对密度高于 0.15 的 t 为 4mm、l 为 30mm 的格栅结构及 t 为 3mm、l 为 30mm 的格栅结构，其失效模式均为肋条断裂。两者的吻合体现了理论模型在失效模式预测上的准确性。

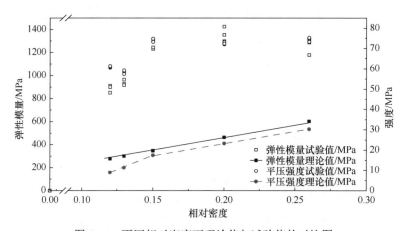

图 7-14　不同相对密度下理论值与试验值的对比图

在进行有关平压性能的探讨时得出结论：在一定范围内，当 l 一定时，t 的增加在一定程度上对结构平压弹性模量和强度的性能提升均有正面效应，但当 t 增加到 4mm 时，由于嵌锁工艺的限制，导致结构平压性能的降低；当 t 为 3mm 时，l 的增加导致了结构平压性能的降低。而通过对式（7-1）、式（7-8）和式（7-9）的分析，可以发现当 l 一定时，t 的增加将导致相对密度的上升，进一步，其平压弹性模量和强度的性能将有所提高；而当 t 一定时，l 的增加将导致相对密度的降低，进而导致其平压弹性模量和强度降低。两者的高度吻合证明了当 t 不超过 4mm 时，理论公式在有关平压性能变化趋势预测方面的有效性。

但从图 7-14 中可以看出，在相对密度为 0.1～0.3 时，通过理论公式计算得到的平压弹性模量、强度值与实际值差别过大，平均差异均在两倍以上，说明理论公式在结构平压性能具体值上的预测是失效的。在对黄麻纤维增强环氧树脂基菱形结构平压性能的探讨中，存在着纵横比及单胞大小两个非相对密度化的参数设计变量。因此，借鉴菱形拓扑结构中对非相对密度化结构设计参数的探讨，接下来的参数设计将聚集在单胞高度和单胞数量两种变量上，通过分析对比这两种变量对结构平压性能及失效模式的变化，从而完成对理论公式的补充和优化。

7.3.2　单胞高度对平压性能的影响

本节在进行肋条高度的探讨时，共设计了三种高度，h 分别为 30mm、40mm、50mm，并保证肋条厚度 t 均为 3mm，肋条间距 l 一致为 30mm，单胞数量一致为 3×3，其具体的设计参数如图 7-15 所示，其制作工艺与 2.4.2 节中所述一致。为了消除偶然性误差带来的影响，每种试件最少制备 3 个。

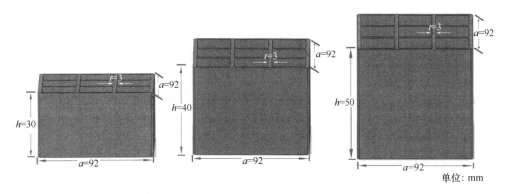

图 7-15　不同单胞高度下结构的尺寸设计图

三种结构具体的破坏过程如图 7-16 所示。肋条高度 h 为 30mm 的正方形格栅结构，其载荷-位移曲线呈现先增长后衰减的趋势，如图 7-17 所示，在位移范围为

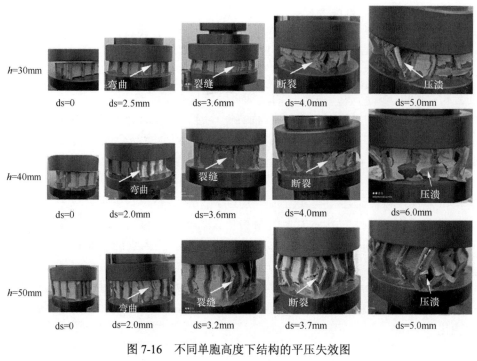

图 7-16 不同单胞高度下结构的平压失效图

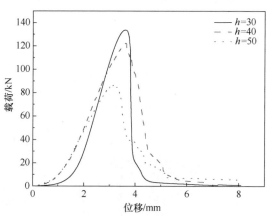

图 7-17 不同单胞高度的结构在平压下的载荷-位移曲线

0～3.6mm 的区间内，其曲线处于线弹性的增长阶段，观察位于此区间结构的破坏过程（图 7-16）发现，其肋条有微微弯曲的变形，当位移达到 3.6mm 时，结构的承载能力达到最大（13.361kN），此时结构整体弯曲的状态很明显，并在弯曲部位伴随有细微裂缝的出现；随着位移的进一步加载，其载荷-位移曲线进入急促的下降阶段，在位移从 3.6mm 增加到 4.0mm 的过程中，结构的承载能力下降了 85.1%，在此阶段，伴随着大部分肋条的断裂，见图 7-16。而后，结构继续承载。在位移范围 4～4.8mm 的过程中曲线进入了第二段较为平缓的下降阶段，观察此时结构的破坏发现：断裂的肋条在压力的作用下堆积起来延缓了载荷下降的趋势，在经过第二段载荷的下降阶段后，结构基本上已完全丧失承载能力。

对于 h 为 40mm 的正方形格栅结构，其在平压下的载荷位移曲线同样呈现了先增长后降低的趋势（图 7-17），在位移范围为 0～3.6mm 的区间内，其曲线处于线弹性的增长阶段，在此过程中其结构发生了微弱的屈曲变形；在位移达到 3.6mm 时，其结构承载能力达到最大（12.23kN），此时结构整体的弯曲变形较为明显（图 7-16）；在位移范围为 3.6～4.5mm 的区间内，曲线处于第一阶段的载荷下降阶段，在此过程中弯曲部位的肋条发生了断裂，断裂过程较为急促而短暂，致使在位移为 4.5mm 时，其结构承载力较最大承载力下降了 76.1%，在位移范围 4.5～5.7mm 区间，结构的曲线进入第二段的载荷下降阶段，在此过程中承载能力下降76.3%，第二段的载荷下降阶段相较于第一段的载荷下降阶段更为平缓。而在位移达到 5.7mm 后，结构已完全丧失承载能力。

如图 7-17 所示，h 为 50mm 的正方形格栅结构与 h 为 40mm 的正方形格栅结构在位移范围为 0～2mm 的区间内，其曲线几乎重叠，都处在线弹性的增长阶段；而在位移范围为 2～3.2mm 的区间内，h 为 50mm 的正方形格栅结构的载荷-位移曲线进入了第二阶段的线弹性增长，其增长趋势略微下降，对位移为 2mm 时结构的破坏图像进行观察发现，此时有部分肋条发生了弯曲（图 7-16），且有部分肋条在弯曲的部位有细微裂缝的出现，正是这种细微裂缝的出现导致曲线的增长趋势放缓。当位移值达到 3.2mm 时，结构的承载能力达到最大（86.80kN）。随着位移的进一步加载，在位移范围为 3.2～5.2mm 的区间内，曲线进入了一个三段式的载荷下降阶段，观察此阶段结构的破坏过程发现，是弯曲的肋条依次断裂导致这种三段式的载荷下降。而在位移达到 5.2mm 后，结构已完全丧失承载能力。

综合比较三种不同高度肋条的结构在平压下的破坏过程发现，肋条高度 h 的变化对其破坏模式及失效原因几乎无较大影响，三种结构均是在经历弯曲后的断裂导致结构的失效，只在载荷-位移曲线上略有不同，具体表现为其肋条高度越高，达到最大载荷的时间越早，其在载荷上升阶段的曲线斜率越平缓，在达到最大载荷后，其曲线下降阶段的斜率也越平缓。

在完成对三种结构破坏模式的分析后，再对三种结构在平压下的力学性能进行对比研究。如图 7-18 所示，随着肋条高度的增加，其平压弹性模量、强度、比强度、比刚度等都呈现下降的趋势。当肋条高度 h 从 30mm 增加到 40mm 时，其平压模量由 1070.8MPa 下降到 1006.8MPa，平压强度由 61.86MPa 下降到 56.58MPa，比强度由 $77.33 \times 10^3 m^2/s^2$ 下降到 $70.73 \times 10^3 m^2/s^2$，比刚度由 $1338.53 \times 10^3 m^2/s^2$ 下降到 $1258.56 \times 10^3 m^2/s^2$；当 h 从 40mm 增加到 50mm 时，其平压弹性模量下降到 976.49MPa，平压强度下降到 40.17MPa，比强度下降到 $50.21 \times 10^3 m^2/s^2$，比刚度下降到 1220.61×10³m²/s²。然而肋条高度对其平压强度及弹性模量的影响并不能在式（7-8）和式（7-9）中体现，因此在本部分试验的基础上，引入一个系数 T 来衡量结构高度的变化对其平压强度及弹性模量的影响。

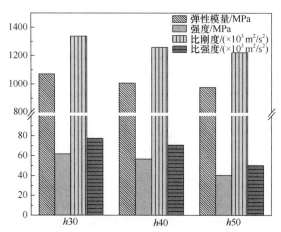

图 7-18   不同单胞高度的结构性能对比

7.3.3   单胞数量对平压性能的影响

正方形格栅结构的理论公式是建立在胞元等效的基础上，即假定力在每个单胞内均匀分布，力在单胞间的传递不会造成损耗，且单胞个数的增加并不会导致其平压强度和弹性模量的变化。

为了验证这种假设的合理性，本节在进行具体的试验设计时，共设计了三组对比试验。这三组试件除却在胞元数量上有所变化，在其他参数设计上（包括单胞高度）都一致，即肋条厚度 t=3mm、肋条间距 l=30mm、肋条高度 h=30mm，单胞个数分别为 2×2 个、3×3 个和 4×4 个。其具体设计参数如图 7-19 所示。

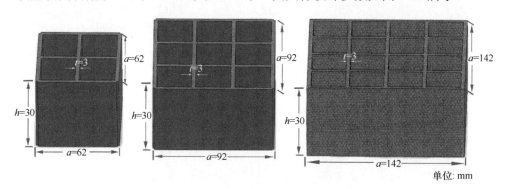

图 7-19   不同单胞数量的结构的尺寸设计图

图 7-20 反映了三种不同单胞数量的正方形格栅结构在平压下的应力-应变曲线，从中不难看出：单胞数量对结构失效模式的影响不大，三条曲线均是在经历一段理想的载荷上升阶段后达到峰值，紧接着便快速进入了载荷下降阶段，直至破坏。

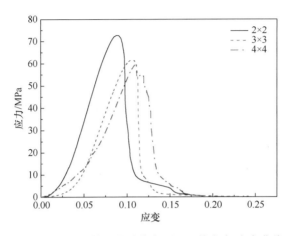

图 7-20　同单胞数量的结构在平压下的应力-应变曲线

由图 7-21 可知：单胞数量为 2×2 的格栅结构在平压下的强度和弹性模量要高于其他两者，分别是 73.18MPa、1397.48MPa。而当单胞个数分别为 3×3 和 4×4 时，其平压弹性模量及强度的值近乎一致，分别为 1070.82MPa、61.86MPa、1068.45MPa 和 61.56MPa。通过对三种不同单胞数量的格栅结构在平压下的力学性能进行比较发现，当单胞个数由 2×2 增加至 3×3 时，其平压弹性模量和强度均有不同程度的下降。主要原因在于槽口带来的限制，当单胞个数由 2×2 增加为 3×3，

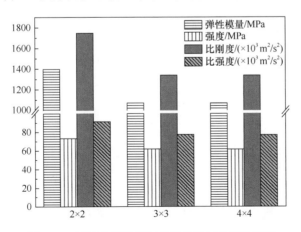

图 7-21　不同单胞数量下结构的平压性能对比图

其节点部位对结构整体性能的影响愈加明显，而当单胞个数由 3×3 增加至 4×4 时，其弹性模量、强度近乎相等，意味着当单胞个数大于 3×3 时，其节点部位的性能对结构整体性能的影响趋于等值化。

7.3.4　理论公式的优化

综合单胞高度和单胞数量对黄麻纤维增强环氧树脂基正方形格栅结构在平压性能的影响发现，这两种设计参数并不会对结构的破坏模式造成太大影响，但肋条高度的增加将导致平压性能的降低，同时，当单胞数量少于 3×3 时，单胞数量的减少将在一定程度上对结构的平压性能有利。结合这两种变化对式（7-8）和式（7-9）优化，优化后的平压强度如下：

$$
\begin{cases}
\sigma = \sigma_{pk}\,\overline{\rho}T * \dfrac{3}{N} & 当N<3时 \\
\sigma = \sigma_{pk}\,\overline{\rho}T & 当N \geqslant 3时
\end{cases}
\tag{7-15}
$$

同理，其平压性能模量的理论公式为

$$
\begin{cases}
E_{int} = E\,\overline{\rho}T * \dfrac{3}{N} & 当N<3时 \\
E_{int} = E\,\overline{\rho}T & 当N \geqslant 3时
\end{cases}
\tag{7-16}
$$

式中，T 为纵横比定义为 $T=a/h$；N 为各个方向上排列的单胞个数。

将相对密度、弹性模量、弹性剪切模量等相关参数代入优化后的理论公式中，对其平压强度和弹性模量进行重新计算。通过图 7-22 可以看出，优化后，弹性模量和强度的理论值与试验值相差不大。

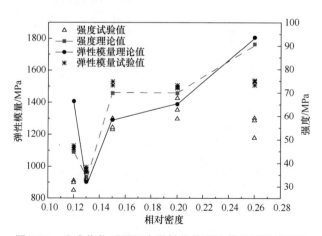

图 7-22　公式优化后平压力学性能的理论值与试验值对比

参 考 文 献

柴兴旺, 闫志峰, 林福东, 等. 2012. 结构仿生化黄麻纤维摩擦材料性能研究. 农业机械学报, 43(S1): 348-351.

陈剑平, 张建辉. 2012. 国内外单板层积材应用现状. 林业机械与木工设备, 40: 12, 13, 16.

陈敏鹏. 2020.《联合国气候变化框架公约》适应谈判历程回顾与展望. 气候变化研究进展, 16(1): 105-116.

陈夏娟. 2020.《巴黎协定》后全球气候变化谈判进展与启示. 环境保护, 48: 85-89.

陈志勇, 祝恩淳, 潘景龙. 2011. 复杂应力状态下木材力学性能的数值模拟. 计算力学学报, 28(4): 629-634, 640.

邸明伟, 高振华. 2010. 生物质材料现代分析技术. 北京: 化学工业出版社: 1-5.

范华林. 2006. 炭纤维点阵复合材料制备及其性能研究. 北京: 清华大学博士学位论文.

范华林, 杨卫. 2007. 轻质高强点阵材料及其力学性能研究进展. 力学进展, (1): 99-112.

方海, 刘伟庆, 万里. 2009. 轻质泡桐木复合材料道面垫板的制备与受力性能. 中外公路, 29(3): 222-225.

郭博渊. 2016. 汽车用黄麻纤维增强聚丙烯复合材料的制备及性能研究. 长春: 吉林大学硕士学位论文.

郭亚, 孙晓婷. 2016. 黄麻纤维的性能及应用. 成都纺织高等专科学校学报, 33(02): 178-181.

郝美荣. 2017. 菠萝叶纤维增强点阵圆筒结构的平压性能研究. 哈尔滨: 东北林业大学硕士学位论文.

何敏娟, Frank LAM, 杨军, 等. 2008. 木结构设计. 北京: 中国建筑工业出版社: 1-6.

黄彬, 罗建举. 2012. 单板层积材的生产与应用现状分析. 绿色科技, (3): 32-35.

黄国红, 谌凡更. 2015. 植物纤维增强生物质基聚氨酯复合材料研究进展. 高分子材料科学与工程, 31(6): 185-190.

黄见远. 2012. 实用木材手册. 上海: 上海科学技术出版社: 75.

江泽慧, 费本华, 侯祝强, 等. 2002. 针叶树木材细胞力学及纵向弹性模量计算——纵向弹性模量的理论模型. 林业科学, (5): 101-107.

金明敏. 2015. 木质基点阵夹芯结构的力学性能研究. 哈尔滨: 东北林业大学硕士论文.

李坚. 2001. 木材科学. 北京: 高等教育出版社: 1-7, 153-220.

李曙光. 2019. 杨木和黄麻纤维复合材料点阵夹芯结构的力学性能研究. 哈尔滨: 东北林业大学硕士学位论文.

李帅. 2019. 木质基二维点阵结构平压性能的理论模型、实验和优化. 哈尔滨: 东北林业大学硕士学位论文.

李晓东. 2018. 热环境对复合材料金字塔点阵夹芯结构力学性能的影响. 哈尔滨: 哈尔滨工业大学博士学位论文.

刘一星, 赵广杰. 2012. 木材学(第2版). 北京: 中国林业出版社: 205-209.

刘应扬, 聂熙哲, 黎章, 等. 2020. 木材横纹抗拉力学性能改善方法试验研究. 结构工程师, 36(4):

120-127, 227.

陆磊. 2016. 轻型旋切板胶合木桁架承载力研究. 扬州: 扬州大学硕士学位论文: 1-4.

秦建鲲. 2019. 透明木材与透明麻纤维、透明椰纤维——环氧树脂复合材料的制备与表征. 哈尔滨: 东北林业大学硕士学位论文.

任雪莹. 2020. 木质工字梁腹板厚度的设计和应用. 科技视界, (15): 6-8.

孙武斌, 邬宏. 2009. 建筑材料. 北京: 清华大学出版社: 18-20.

王兵. 2009. 纤维柱增强复合材料夹芯结构的制备工艺及力学性能研究. 哈尔滨: 哈尔滨工业大学博士学位论文.

王东炜. 2020. 轻质点阵夹芯结构的声学性能研究. 哈尔滨: 哈尔滨工业大学博士学位论文.

王静. 2012. 木质工程材料应用及其发展前景. 农业与技术, 32(10): 34.

王丽宇, 鹿振友, 申世杰. 2003. 白桦材 12 个弹性常数的研究. 北京林业大学学报, (06): 64-67.

王瑞, 吕斌. 2018. 我国集成材产业现状及发展趋势. 木材工业, 32: 27-30.

王雪. 2020. 改性黄麻织物增强格栅夹芯结构的制备和力学性能研究. 哈尔滨: 东北林业大学博士学位论文.

王亚梅, 韩冰, 史翔, 等. 2015. 复合材料点阵结构及成型工艺研究进展. 材料导报, 29(S2): 538-541.

王跃, 方海, 刘伟庆. 2015. 钢蒙皮-复合材料芯材夹层板弯曲性能研究. 建筑科学与工程学报, 32(1): 73-80.

魏晨, 郭荣辉. 2019. 黄麻纤维的性能及应用. 纺织科学与工程学报, 36(4): 79-84, 96.

吴林志, 熊健, 马力. 2012. 新型复合材料点阵结构的研究进展. 力学进展, 42(1): 41-67.

熊健. 2013. 轻质复合材料新型点阵结构设计及其力学行为研究. 哈尔滨: 哈尔滨工业大学博士学位论文.

徐守乐. 2004. 落叶松的开发及应用. 中国林业产业, (2): 58.

许国栋. 2017. 碳/环氧梯度点阵复合材料夹芯梁的设计与力学性能研究. 哈尔滨: 哈尔滨理工大学博士学位论文.

杨亚洲. 2006. 仿生哑铃型黄麻纤维增强摩擦材料. 长春: 吉林大学博士学位论文.

殷莎. 2013. 基于 Ashby 设计思想的新型点阵结构. 哈尔滨: 哈尔滨工业大学博士学位论文.

袁家军. 2004. 卫星结构设计与分析(下). 北京: 中国宇航出版社: 37

曾嵩, 朱荣, 姜炜, 等. 2012. 金属点阵材料的研究进展. 材料导报, 26(5): 18-23, 35.

张昌天. 2008. 二维点阵复合材料结构的制备与性能. 长沙: 国防科学技术大学硕士学位论文.

张飞. 2013. 基于复合材料理论的土壤-根系力学研究. 铜业工程, (1): 47-50.

张国旗. 2014. 复合材料点阵结构吸能特性和抗低速冲击性能研究. 哈尔滨: 哈尔滨工业大学博士学位论文.

张丽哲, 刘备, 徐中林, 等. 2012. 黄麻纤维增强水泥复合材料的抗压与抗裂性能. 上海纺织科技, 40(12): 32, 33, 38.

张利. 2014. 典型生物质复合材料性能与结构的优化及可靠性分析. 哈尔滨: 东北林业大学博士学位论文.

张少实, 庄茁. 2013. 复合材料弹性力学. 北京: 机械工业出版社: 21-23.

张小英. 2004. 黄麻纤维的应用和发展. 国外丝绸, (06): 38, 39.

张言海. 2001. 单板层积材的生产工艺介绍. 木材加工机械, (3): 25-27.

张瑜, 吴锡龙, 张丽丽. 2009. 麻纤维复合材料的结构设计与加工. 产业用纺织品, (12): 11-14.

郑腾腾. 2019. 木质基双 X 型点阵夹芯结构的力学性能和优化. 哈尔滨: 东北林业大学硕士学位论文.

周勇, 孙筱辰, 张兴卫, 等. 2016. 非织造黄麻纤维复合材料的制备与吸声性能研究. 功能材料, 247(11): 11131-11135, 11140.

Allen H G. 1969. Analysis and Design of Structural Sandwich Panels. Oxford: Pergamon Press: 8-20.

Ashby M F, Bréchet Y J M. 2003. Designing hybrid materials. Acta Materialia, 51(19): 5801-5821.

Bal B C, Bektaş İ, Mengeloğlu F, et al. 2015. Some technological properties of poplar plywood panels reinforced with glass fiber fabric. Construction and Building Materials, 101: 952-957.

Basterra L A, Acuna, L Casado M, et al. 2012. Strength testing of Poplar duo beams, *Populus x euramericana* (Dode) Guinier cv. I-214, with fibre reinforcement. Construction & Building Materials, 36: 90-96.

Chen H L, Zheng Q, Zhao L, et al. 2012. Mechanical property of lattice truss material in sandwich panel including strut flexural deformation. Composite Structures, 94(12): 3448-3456.

Chen Z, Yan N, Sambrew S, et al. 2014. Investigation of mechanical properties of sandwich panels made of paper honeycomb core and wood composite skins by experimental testing and finite element (FE) modelling methods. European Journal of Wood and Wood Products, 72(3): 311-319.

Côté F, Deshpande V S, Fleck N A, et al. 2004. The Out-of-plane compressive behavior of metallic honeycombs. Materials Science and Engineering: A, 380(1-2): 272-280.

Côté F, Deshpande V S, Fleck N A, et al. 2006. The compressive and shear responses of corrugated and diamond lattice materials. International Journal of Solids and Structures, 43(20): 6220-6242.

Daynes S, Feih S, Lu W F, et al. 2017. Optimisation of functionally graded lattice structures using isostatic lines. Materials & Design, 127: 215-223.

Deshpande V S, Fleck N A. 2001. Collapse of truss core sandwich beams in 3-point bending. International Journal of Solids & Structures, 38(36-37): 6275-6305.

Deshpande V S, Fleck N A, Ashby M F. 2001. Effective properties of the octet-truss lattice material. Journal of The Mechanics and Physics of Solids, 49(8): 1747-1769.

Evans A G, Hutchinson J W, Fleck N A, et al. 2001. The topological design of multifunctional cellular metals. Progress in Materials Science, 46(3): 309-327.

Fan H L, Meng F H, Yang W. 2007. Sandwich panels with kagome lattice cores reinforced by carbon fibers. Composite Structures, 81(4): 533-539.

Fan H L, Wei Y, Zhou Q. 2011. Experimental research of compressive responses of multi-layered woven textile sandwich panels under quasi-static loading. Composites Part B Engineering, 42(5): 1151-1156.

Fan H L, Zeng T, Fang D N, et al. 2010. Mechanics of advanced fiber reinforced lattice composites. Acta Mechanica Sinica, 26(6): 825-835.

Feng L J, Wu L Z, Yu G C. 2016. An-hourglass truss lattice structure and its mechanical performances. Materials and Design, 99: 581-591.

Feng L J, Xiong J, Yang L H, et al. 2017. Shear and bending performance of new type enhanced lattice truss structures. International Journal of Mechanical Sciences, 134: 589-598.

Fernandez-Cabo J L, Majano-Majano A, San-Salvador Ageo L, et al. 2011. Development of a novel façade sandwich panel with low-density wood fibres core and wood-based panels as faces. European Journal of Wood and Wood Products, 69(3): 459-470.

Finnegan K, Kooistra G, Wadley H N G, et al. 2007. Thecompressive response of carbon fiber composite pyramidal truss sandwich cores. International Journal of MaterialsResearch, 98(12):

1264-1272.

Fiore V, Scalici T, Badagliacco D, et al. 2017. Aging resistance of bio-epoxy jute-basalt hybrid composites as novel multilayer structures for cladding. Composite Structures, 160: 1319-1328.

Ha N S, Lu G X. 2020. A review of recent research on bio-inspired structures and materials for energy absorption applications. Composites Part B: Engineering. 181: 107496.

Hachemane B, Zitoune R, Bezzazi B, et al. 2013. Sandwich composites impact and indentation behaviour study. Composites Part B, 51(4): 1-10.

Han Y S, Wang P, Fan H L, et al. 2015. Free vibration of CFRC lattice-core sandwich cylinder with attached mass. Composites Science and Technology, 118: 226-235.

Hao M R, Hu Y C, Wang B, et al. 2017. Mechanical behavior of natural fiber-based isogrid lattice cylinder. Composite Structures, 176: 117-123.

Hassanin A H, Hamouda T, Candan Z, et al. 2016. Developing high-performance hybrid green composites. Composites Part B: Engineering, 92(5): 384-394.

Iejavs J, Spulle U. 2016. Celluar wood material properties-review. Drewno, 59(198): 5-18.

Jiang F, Li T, Li Y J, et al. 2018. Wood‐Based Nanotechnologies toward sustainability. Advanced Materials, 30(1): 1703453.

Jiang S, Sun F F, Fan H L, et al. 2017. Fabrication and testing of composite orthogrid sandwich cylinder. Composites Science & Technology, 142(Apr. 12): 171-179.

Jin M M, Hu Y C, Wang B. 2015. Compressive and bending behaviours of wood-based two-dimensional lattice truss core sandwich structures. Composite Structures, 124: 337-344.

Jishi H Z, Umer R, Cantwell W J. 2016. The fabrication and mechanical properties of novel composite lattice structures. Materials & Design, 91: 286-293.

Kepler J A. 2011. Simple stiffness tailoring of balsa sandwich core material. Composites Science and Technology, 71(1): 46-51.

Kooistra G W, Deshpande V, Wadley H N G. 2004. Compressive behavior of age hardenable tetrahedral lattice truss structures made from aluminium. Acta Materialia, 52(14): 4229-4237.

Kooistra G W, Wadley H N G. 2007. Lattice truss structures from expanded metal sheet. Materials & Design, 28(2): 507-514.

Lai C L, Wang J B, Liu C, et al. 2015. A flexible tooling and local consolidation process to manufacture 1D lattice truss composite structure. Composites Science & Technology, 113(jun. 5): 63-70.

Lee B C, Lee K W, Byun J H, et al. 2012. The compressive response of new composite truss cores. Composites Part B Engineering, 43(2): 317-324.

Li J B, Hunt J F, Gong S Q, et al. 2016. Improved fatigue performance for wood-based structural panels using slot and tab construction. Composites Part A-applied Science and Manufacturing, 82: 235-242.

Li M, Fan H L. 2018. Multi-failure analysis of composite isogrid stiffened cylinders. Composites Part A: Applied Science and Manufacturing, 107: 248-259.

Li M, Wu L Z, Ma L, et al. 2011a. Mechanical response of all-composite pyramidal lattice truss core sandwich structures. Journal of Materials Science & Technology, 27(6): 570-576.

Li M, Wu L Z, Ma L, et al. 2011b. Structural response of all-composite pyramidal truss core sandwich columns in end compression. Composite Structures, 93(8): 1964-1972.

Li S, Qin J C, Li C C, et al. 2020. Optimization and compressive behavior of composite 2-D lattice structure. Mechanics of Advanced Materials and Structures, 27(14): 1213-1222.

Li Z B, Zheng Z J, Yu J L, et al. 2014. Indentation of composite sandwich panels with aluminum foam core: An experimental parametric study. Journal of Reinforced Plastics and Composites,

33(18): 1671-1681.

Li Z, He M J, Tao D, et al. 2016. Experimental buckling performance of scrimber composite columns under axial compression. Composites Part B: Engineering, 86: 203-213.

Manalo A C, Aravinthan T, Karunasena W. 2010. Flexural behaviour of glue-laminated fibre composite sandwich beams. Composite Structures, 92(11): 2703-11.

Norouzi H, Rostamiyan Y. 2015. Experimental and numerical study of flatwise compression behavior of carbon fiber composite sandwich panels with new lattice cores. Construction and Building Materials, 100: 22-30.

Pan S D, Wu L Z, Sun Y G et al. 2008. Fracture test for double cantilever beam of honeycomb sandwich panels. Materials Letters, 62(3): 523-526.

Queheillalt D T, Murty Y V, Wadley H N G. 2008. Mechanical properties of an extruded pyramidal lattice truss sandwich structure. Scripta Materialia, 58(1): 76-79.

Queheillalt D T, Wadley H N G. 2005. Cellular metal lattices with hollow trusses. Acta Materialia, 53(2): 303-313.

Queheillalt D T, Wadley H N G. 2009. Titanium alloy lattice truss structures. Materials & Design, 30(6): 1966-1975.

Rizov V, Shipsha A, Zenkert D. 2005. Indentation study of foam core sandwich composite panels. Composite Structures, 69(1): 95-102.

Russell B P, Deshpande V S, Wadley H N G. 2008. Quasistatic deformation and failure modes of composite square honeycombs. Journal of Mechanics of Materials and Structures, 3(7): 1315-1340.

Sargianis J, Kim H, Andres E, et al. 2013. Sound and vibration damping characteristics in natural material based sandwich composites. Composite Structures, 96: 538-544.

Smardzewski J, Wojciechowski K W. 2019. Response of wood-based sandwich beams with three-dimensional lattice core. Composite Structures, 216: 340-349.

Sun F F, Lai C L, Fan H L, et al. 2016. Crushing mechanism of hierarchical lattice structure. Mechanics of Materials, 97: 164-183.

Sun F F, Lai C L, Fan H L. 2016. In-plane compression behavior and energy absorption of hierarchical triangular lattice structures. Materials & Design, 100: 280-290.

Sypeck D J. 2005. Cellular truss core sandwich structures. Applied Composite Materials, 12(3-4): 229-246.

Wadley H N G, Fleck N A, Evans A G. 2003. Fabrication and structural performance of periodic cellular metal sandwich structures. Composites Science and Technology, 63(16): 2331-2343.

Wadley H N G. 2006. Multifunctional periodic cellular metals. Philosophical Transactions of the Royal Society A, 364(1838): 31-68.

Wang B, Hu J Q, Li Y Q, et al. 2018. Mechanical properties and failure behavior of the sandwich structures with carbon fiber-reinforced X-type lattice truss core. Composite Structures, 185: 619-633.

Wang B, Wu L Z, Ma L, et al. 2010. Mechanical behavior of the sandwich structures with carbon fiber-reinforced pyramidal lattice truss core. Materials & Design, 31(5): 2659-2663.

Wang J, Evans A G, Dharmasena K, et al. 2003. On the performance of truss panels with Kagomé cores. International Journal of Solids & Structures, 40(25): 6981-6988.

Wicks N, Hutchinson J W. 2004. Performance of sandwich plates with truss cores - Science Direct. Mechanics of Materials, 36(8): 739-751.

Xiong J, Ma L, Stocchi A, et al. 2014a. Bending response of carbon fiber composite sandwich beams with three dimensional honeycomb cores. Composite Structures, 108(1): 234-242.

Xiong J, Ma L, Wu L Z, et al. 2010. Fabrication and crushing behavior of low density carbon fiber composite pyramidal truss structures. Composite Structures, 92(11): 2695-2702.

Xiong J, Vaziri A, Ma L, et al. 2012. Compression and impact testing of two-layer composite pyramidal-core sandwich panels. Composite Structures, 94(2): 793-801.

Xiong J, Wang B, Ma L, et al. 2014b. Three-dimensional composite lattice structures fabricated by electrical discharge machining. Experimental Mechanics, 54(3): 405-412.

Yang D X, Hu Y C, Fan C S. 2018. Compression behaviors of wood-based lattice sandwich structures. Bioresources, 13(3): 6577-6590.

Ye G Y, Bi H J, Chen L C, et al. 2019. Compression and energy absorption performances of 3D printed polylactic acid lattice core sandwich structures. 3D Printing and Additive Manufacturing, 6(6): 333-343.

Yin S, Wu L Z, Ma Li, et al. 2011. Pyramidal lattice sandwich structures with hollow composite trusses. Composite Structures, 93(12): 3104-3111.

Yin S, Wu L Z, Nutt S R. 2013. Stretch–bend-hybrid hierarchical composite pyramidal lattice cores. Composite Structures, 98(APR.): 153-159.

Yin S, Wu L Z, Nutt S R. 2014. Compressive efficiency of stretch-stretch-hybrid hierarchical composite lattice cores. Materials & Design, 56: 731-739.

Zhang G Q, Ma L, Wang B, et al. 2012. Mechanical behaviour of CFRP sandwich structures with tetrahedral lattice truss cores. Composites Part B Engineering, 43(2): 471-476.

Zheng J J, Long Z, Fan H L. 2012. Energy absorption mechanisms of hierarchical woven lattice composites. Composites Part B Engineering, 43(3): 1516-1522.

Zheng T T, Cheng Y P, Li S, et al 2020b. Mechanical properties of the wood-based X-type lattice sandwich structure. Bioresources, 15(1): 1927-1944.

Zheng T T, Yan H Z, Li S, et al. 2020a. Compressive behavior and failure modes of the wood-based double X-type lattice sandwich structure. Journal of Building Engineering, 30: 101176.

Zupan M, Deshpande V S, Fleck N A. 2004. The Out-of-plane compressive behaviour of woven-core sandwich plates. European Journal of Mechanics - A/Solids, 23(3): 411-421.